U0168819

DIANLI TONGXIN GONGCHENG
ZUOYE ANQUAN FENGXIAN GUANKONG XIZE JI CUOSHI

电力通信工程

作业安全风险管控细则及措施

国家电网有限公司信息通信分公司　组编

中国电力出版社
CHINA ELECTRIC POWER PRESS

图书在版编目（CIP）数据

电力通信工程作业安全风险管控细则及措施 / 国家电网有限公司信息通信分公司组编. —北京：中国电力出版社，2023.11
ISBN 978-7-5198-7932-7

Ⅰ. ①电… Ⅱ. ①国… Ⅲ. ①电力通信系统–安全技术 Ⅳ. ①TN915.853

中国国家版本馆 CIP 数据核字（2023）第 112238 号

出版发行：中国电力出版社
地　　址：北京市东城区北京站西街 19 号（邮政编码 100005）
网　　址：http://www.cepp.sgcc.com.cn
责任编辑：孙世通（010-63412326）　柳　璐
责任校对：黄　蓓　朱丽芳
装帧设计：赵丽媛
责任印制：钱兴根

印　　刷：三河市百盛印装有限公司
版　　次：2023 年 11 月第一版
印　　次：2023 年 11 月北京第一次印刷
开　　本：850 毫米×1168 毫米　32 开本
印　　张：3.75
字　　数：66 千字
定　　价：35.00 元

编 委 会

主　编　郑福生

副主编　刘冬梅　刘　军　吕俊峰　曾京文

　　　　吴　钊　彭元龙

参　编（按姓氏笔画顺序）

　　　　马　超　王　谦　王甜甜　邓　黎

　　　　卢　杉　卢　贺　白夫文　朱国栋

　　　　刘　源　杜　书　李　扬　李伟华

　　　　李伯中　李赵棋　杨　洋　杨　悦

　　　　吴广哲　张　帅　张　祎　张大伟

　　　　张乐丰　陈　佟　陈　亮　陈剑涛

　　　　林　通　金　炜　房　芳　孟　显

　　　　夏小萌　高金京　郭枳邑　谈　军

　　　　梁正晗　蔡　昊　廖　俊　樊秀娟

前　言

　　能源保障和安全事关国计民生，是须臾不可忽视的"国之大者"。2023 年 7 月，中央全面深化改革委员会第二次会议审议通过《关于深化电力体制改革加快构建新型电力系统的指导意见》，强调要深化电力体制改革，加快构建清洁低碳、安全充裕、经济高效、供需协同、灵活智能的新型电力系统，更好推动能源生产和消费革命，保障国家能源安全。

　　当前，能源电力发展面临保障安全可靠供应、加快清洁低碳转型、助力实现"双碳"目标等重大战略任务，电网作为能源转换利用和输送配置的枢纽平台，是构建新型电力系统、促进能源清洁低碳转型的关键。建设高质量、坚强可靠，且与"能源互联网"高度适配的电力通信网是支撑电网发展，实现新时代战略目标的必要条件之一。为此，工程建设现场安全管理工作面临新的挑战，我们要坚定践行"人民至上、生命至上"理念，牢固树立规章制度刚性执行意识，将"控风险、盯现场、保安全"作为安全生产的主线，全力抓好现场安全管控，强化作业工作组织、作业风险辨识、强化风险管控措施刚性执行，把尊重安全、敬畏生命的理念贯穿工作全过程。

2017年，国家电网有限公司基建部出版了《变电站（换流站）工程施工现场关键点作业安全管控措施》《输电线路工程施工现场关键点作业安全管控措施》，针对输变电工程可能发生人身事故的施工现场关键点作业，制定可行的安全管控措施，强力遏制事故多发势头，维护基建安全稳定局面。2019年，国家电网有限公司基建部印发了《国家电网有限公司输变电工程施工安全风险识别、评估及预控措施管理办法》（国家电网企管〔2019〕935号），规范输变电工程施工安全风险过程管理。2022年，为贯彻上级及国家电网有限公司有关安全生产工作要求，进一步规范公司安全生产秩序，确保反违章工作切实落地，国家电网有限公司发布《国家电网有限公司关于进一步加大安全生产违章惩处力度的通知》（国家电网安监〔2022〕106号），重点整体提高严重违章惩处级别，加大对重复发生严重违章的惩处力度，将部分管理违章纳入严重违章清单，强化对管理违章责任的查处。2022年12月，国调中心发布《电力通信现场作业风险管控实施细则（试行）》（调通〔2022〕84号），明确了通信专业典型作业风险定级及现场作业风险库，以进一步提高公司电力通信现场作业安全和质量水平。2023年，国家电网有限公司安全监察部印发《国家电网有限公司关于进一步规范和明确反违章工作有关事项的通知》（国家电网安监〔2023〕234 号），编制了《典型违章库》，进一步规范反违章工作开展，提升工作质效，守牢人身"零死亡"防线。

2018 年，国家电网有限公司信息通信分公司（简称国网信通公司）制定了《通信工程施工安全风险分级管控实施规范（试行）》《通信工程施工现场关键点作业安全管控（试行）》，用以指导特高压配套通信工程建设管理。为适应反违章工作及风险管控工作要求，加强通信工程现场安全管控，国网信通公司组织部分省信通公司参与修编，将文件的适用范围由特高压配套通信工程扩大至电力通信工程，组织行业专家集中审查，并经广泛征求各方面意见后定稿，编制整理形成本措施。

本措施主要分为电力通信工程作业安全风险管控工作实施细则，通信工程施工现场关键点作业安全管控措施，通信工程施工严重违章清单、违章释义及典型违章示例三个部分，第一部分涵盖电力通信工程安全施工安全风险分级、施工安全风险管理职责分工、施工风险审查、通信工程安全施工作业票、管理人员到岗到位要求、施工安全风险现场控制；第二部分涵盖各级项目部现场关键点作业安全管控措施、变电站内通信设备安装施工管控要点、光缆接续施工管控要点等内容。第三部分参照输变电工程严重违章清单，结合通信工程特点，梳理形成通信工程施工严重违章清单及释义，并辅以典型违章示例，便于相关参建单位对照检查。

　　本措施面向电网通信基建、运维管理单位以及工程建设、设计、施工、监理单位人员，可作为工程建设、施工组织、现场检查等阶段安全管控工作指南及工程项目业主、施工、监理项目部检查必查内容。

　　本措施由国家电网有限公司信息通信分公司组编，由郑福生担任主编，刘冬梅、刘军、吕俊峰、曾京文、吴钊、彭元龙担任副主编，江苏、浙江、四川等地电力通信工作者参与了本书的审稿。借此向在本书编辑出版过程中付出巨大辛勤努力以及所有参加电力通信工程建设和运行的单位和个人致谢！

编　者

2023 年 11 月

目　录

前言

第一部分　电力通信工程作业安全风险管控
　　　　　工作实施细则 ·······························1

第一章　总则 ·······································2

第二章　职责分工 ·································4

第三章　计划管理 ·································8

第四章　风险识别与审查 ·····················9

第五章　评估定级 ·····························10

第六章　通信工程施工安全管控措施 ·······12

第七章　管理人员到岗到位要求 ···········14

第八章　施工安全风险现场控制 ···········16

第九章　附则 ·····································23

　附则 1　通信工程施工安全风险管理流程 ·······24

　附则 2　通信工程施工安全风险管控要求 ·······25

　附则 3　（项目名称）通信工程施工安全风险识别及
　　　　　预控措施清册 ·····················26

附则4 通信工程安全施工作业票 ……………………27

附则5 通信工程施工固有风险定级库 ……………30

第二部分 通信工程施工现场关键点作业安全管控措施 ……………36

一、通信工程施工现场管控通用要求 ……………37

（一）施工项目部现场关键点作业安全管控措施 ……37

（二）监理项目部现场关键点作业安全管控措施 ……40

（三）业主项目部现场关键点作业安全管控措施 ……41

（四）工作手续相关要求 ……………43

二、变电站（换流站）内通信设备安装施工 ……………44

（一）设备基础槽钢及走线桥架（槽盒）安装
施工 ……………44

（二）通信设备安装施工 ……………45

（三）在运通信设备改造施工 ……………47

（四）通信直流电源设备安装施工 ……………49

（五）通信直流电源设备改造施工 ……………50

（六）变电站（换流站）通信导引光缆敷设施工 ……53

三、光缆接续施工 ……………55

（一）线路光缆接续施工 ……………55

（二）临近带电体光缆接续施工 ……………56

（三）分段绝缘OPGW光缆接续施工 ……………58

（四）特殊地形及环境光缆接续施工 ……………60

第三部分　通信工程施工严重违章清单、违章 释义及典型违章示例 ················· **62**

一、管理违章 ····································· 64

二、行为违章 ····································· 82

三、装置违章 ···································· 103

第四部分　生产现场作业"十不干" ············ **107**

第一部分

电力通信工程作业安全风险管控工作实施细则

第一章 总 则

第一条 为深化电力通信工程作业安全风险管控工作，提升现场作业安全管控能力和事故防范水平，贯彻落实"安全第一、预防为主、综合治理"的安全工作方针，根据《国家电网有限公司作业安全风险管控工作规定》《国家电网公司输变电工程施工安全风险识别、评估及预控措施管理办法》《国家电网有限公司安全事故调查规程》《国家电网公司关于规范领导干部和管理人员生产现场到岗到位工作的指导意见》《国家电网公司信息通信分公司信息通信安全风险事例调查分析工作规范》等有关规章制度、标准，制定本细则。

第二条 本细则所指电力通信工程施工安全风险，是指在通信工程施工作业中，对某种可预见的风险情况发生的可能性、后果严重程度和事故发生频度三个指标的综合描述，涉及触电伤害、高处坠落、物体打击、机械伤害、中毒窒息、交通安全、疫情传播、通信设备及业务安全、其他伤害等。

第三条 施工单位是通信工程施工安全风险管理的

责任主体，建设、监理单位履行安全风险管理监管责任，业主项目部、监理项目部、施工项目部是通信工程施工安全风险管理的具体实施机构。

第四条　作业安全风险管控遵循"全面评估、分级管控"的工作原则，并依托通信工程管理平台，对通信工程施工安全风险进行控制，确保通信工程施工安全风险始终处于可控、在控状态。施工作业应全面执行"通信工程施工安全风险管理流程"（见附则1）。

第五条　本细则适用于35kV及以上电压等级输变电工程配套通信工程、通信技改工程施工过程的安全风险管理。

第二章 职 责 分 工

第六条 建设管理单位职责。

（一）贯彻落实国家电网有限公司相关要求，监督检查建设管理范围内各通信工程业主项目部、监理单位、施工单位风险管理工作。

（二）负责指导、检查、评价、考核施工、监理单位风险管理工作，按要求开展施工安全风险管理工作。

（三）全面掌控建设管理范围内的一级、二级和重要三级作业风险，执行"通信工程施工安全风险管控要求"（见附则2）。

第七条 业主项目部管理职责。

（一）具体落实风险管理要求，组织设计单位、监理项目部、施工项目部严格按照本规范开展风险过程管控工作。

（二）工程开工前，组织审查"通信工程施工安全风险识别及预控措施清册"（见附则3）、"通信工程安全施工作业票"（见附则4）及相关专项施工方案。

（三）确认二级和重要三级风险施工作业票，并将其

4

纳入通信工程安全台账。

（四）全面掌控工程二级、三级作业风险，执行"通信工程施工安全风险管控要求"（见附则2）。

第八条 设计单位管理责任。

（一）负责将项目环境、工程主要特点（海拔、已有站点通信/电源/网管等设备运行情况、T 接光缆/通信设备的业务承载情况等）纳入设计文件。

（二）配合施工安全风险管理工作，优化设计方案，提出降低施工安全风险的措施建议。

（三）执行"通信工程施工安全风险管控要求"（见附则2），按要求到岗到位。

第九条 监理单位责任。

（一）负责组织本单位员工开展施工安全风险管理技能培训，确保监理人员熟悉通信工程施工安全风险管理流程。

（二）为工程项目配备认真履责、合格的安全监理工程师，按要求开展施工安全风险管理工作。

（三）检查监理项目部施工安全风险管理工作，及时掌握监理项目部安全风险管理情况，对发现的问题提出整改要求，监督整改闭环。

（四）全面掌控承揽项目的二级和重要三级作业风险，执行"通信工程施工安全风险管控要求"（见附则2）。

第十条 监理项目部责任。

（一）全面掌控工程二级、三级作业风险，执行"通信工程施工安全风险管控要求"（见附则 2）。

（二）审查"通信工程施工安全风险识别及预控措施清册"。

（三）审查二级、三级风险施工作业票。

（四）监督检查"通信工程安全施工作业票"（见附则 4）开具和执行，发现问题及时提出整改意见，监督整改闭环。

第十一条 施工单位责任。

（一）履行施工安全风险管理主体责任，检查所承揽项目各施工项目部施工安全风险管理工作。

（二）建立健全施工安全风险识别、控制体系，组织本单位员工开展风险管理技能培训，确保施工人员熟悉通信工程施工安全风险管理流程。

第十二条 施工项目部责任。

（一）组织所有参建人员学习掌握本规范，熟悉施工安全风险管理流程，按要求开展施工安全风险管理工作。

（二）开工作业前，根据设计文件、招标文件等，以及"通信工程施工固有风险定级库"（见附则 5），编制"通信工程施工安全风险识别及预控措施清册"（见附则 3），并纳入项目管理实施规划/施工组织设计。

（三）编制"通信工程安全施工作业票"（见附则 4）及相关专项施工方案，并履行签发、审查、确认手续。

（四）逐项核对，确保作业现场风险预控措施的落实。

（五）施工班组负责落实现场勘察、风险评估、"两票"执行、班前（后）会、安全交底、作业监护等安全管控措施和要求。

第三章 计 划 管 理

第十三条 通信检修工作遵循"统一管理、分级负责、逐级审批、规范操作"的原则，按照"谁工作、谁发起，谁运维、谁申请，谁调管、谁审批，下级服从上级"的管理模式开展，具体要求详见《国家电网有限公司通信检修管理办法》。

第十四条 通信检修实行计划管理。各级通信运维机构应按时编制月度、年度检修计划，并逐级上报、审批。涉及电网调度通信业务的通信检修，原则上应与电网检修同步实施。不能与电网检修同步实施，且影响电网调度通信业务的通信检修，应避开电网负荷高峰时段及重大活动保障期间。

第十五条 针对主备光路同时中断、站点设备搬迁等重大检修，检修单位应在上报计划前召开方案评审会，根据业务影响情况组织相关单位进行审核，并将审核通过后的检修方案与检修计划一同上报。

第四章　风险识别与审查

第十六条　施工项目部根据设计文件、招标文件，以及"通信工程施工固有风险定级库"等，筛选、识别、评估与本工程有关的风险作业，编制"通信工程施工安全风险识别及预控措施清册"（见附则3），并纳入项目管理实施规划/施工组织设计。

第十七条　施工项目部根据编制的风险识别及预控措施清册，组织施工班组开展现场勘察、危险因素识别工作，依据勘察结果调整预控措施。

第十八条　现场勘察应包括：工作地点带电情况，作业现场的条件、环境及其他危险点、需采取的安全措施，附图及说明等内容。现场勘察应填写现场勘察记录，并作为作业风险评估定级和工作票签发、审查和确定的依据。带电作业、电源改造、业务割接等风险较高或施工过程较为复杂的，设计单位应派人参加现场勘察。

第十九条　施工项目部编制"通信工程安全施工作业票"（见附则4），二级和重要三级（带电作业、电源改造、业务割接等）风险施工需编制专项施工方案，作为相应施工作业票的附件，报相应层级签发、审查、确认。

第五章 评 估 定 级

第二十条　工程开工前，业主项目部组织审查"通信工程施工安全风险识别及预控措施清册"（见附则 3）、"通信工程安全施工作业票"（见附则 4）及相关专项施工方案。

第二十一条　施工项目部在每项作业开始前，根据风险控制关键因素评估该项作业的各项条件，任一条件不满足时，应将风险提升一级管控或停止作业，待条件满足时方可施工。

第二十二条　根据风险的可能性、危害程度将风险从高到低分为五级，一到五级分别对应极高风险、高度风险、显著风险、一般风险、稍有风险。作业风险定级应以每日作业计划为单元进行，同一作业计划（日）内包含多个工序、不同等级风险工作时，按就高原则确定。

第二十三条　一级风险不得施工，须通过采取组织、技术措施降为二级后方可实施。遇有恶劣天气、连续工作超过 8 小时、夜间作业等情况应提高等级进行管控。

第二十四条　五级、四级风险作业由施工项目部组织开展现场风险控制，三级、二级风险作业由施工项目部、监理项目部、业主项目部共同开展现场风险控制。

第六章　通信工程施工安全管控措施

第二十五条　在进行新建通信机房、新建光缆接续施工时，办理通信工程安全施工作业票，在已运行站点施工，按照本规范第四十四条执行。

第二十六条　安全施工作业票办理。

（一）通信工程安全施工作业票是开展通信施工作业的依据，由施工项目部负责办理。

（二）一张施工作业票可包含多个站点、多个工序的作业，按其中最高的风险等级确定作业票种类及控制措施。作业内容、作业部位、控制措施、主要作业人员（工作负责人、安全监护人及特种作业人员）不变时，可使用同一张作业票。

（三）二级和重要三级（带电作业、电源改造、业务割接等）风险施工需编制专项施工方案，作为施工作业票的附件，不再单独签发、审查、确认。专项施工方案应在明确施工内容、全面识别施工风险的基础上进行编制，包括"三措一案"等内容。

第二十七条　施工作业票的签发、审查、确认。

（一）四级、五级风险施工作业票由施工项目部施工队长或项目经理签发。

（二）二级、三级风险施工作业票由施工项目部经理签发。

（三）三级及以上风险施工作业票需由监理人员进行审查。

（四）二级和重要三级风险施工作业票需由业主项目部经理进行确认。

（五）施工作业票经签发、审查、确认后，须经安全监护人和工作负责人现场检查预控措施，确保均已落实并在施工作业票上签字后，作业人员才可以开展具体的施工操作。

第二十八条　施工作业票使用。

（一）工作负责人进行全员交底，参与作业人员应清楚施工中存在的风险。

（二）参与作业的人员进行全员签名。

（三）作业票使用周期不得超过 30 天。

（四）人员变更需经过工作负责人同意。对新增人员应进行安全交底并履行签字手续。

（五）作业票在作业全过程留存现场，工作结束后及时交施工项目部存档。

第七章 管理人员到岗到位要求

第二十九条 管理人员应按照"谁主管谁负责、管业务必须管安全"的原则，按本细则要求对通信施工工作到岗开展督导检查。

第三十条 开展四级风险作业时，施工班组负责人或安全员现场监护。

第三十一条 开展三级风险作业时，施工班组负责人、安全员现场监护，施工项目部专职安全员现场检查控制措施落实情况；施工项目经理或施工项目总工检查监督；业主项目部开展抽检、巡查；设计单位根据业主项目部通知意见确定是否到场。

第三十二条 开展二级风险作业时，施工单位至少一位分公司经理或公司负责本专业的专职副总工程师及以上的管理人员现场检查，施工单位安质部等相关职能部门派专人监督，施工项目经理、专职安全员现场监护；监理单位公司相关管理人员现场检查，项目总监、安全监理工程师现场监督；建管单位业务主管部门负责人现场检查，业主项目经理、业主项目部安全专责现场监督、签字；设计单位根据业主项目部通知意见确定是否到场。

第三十三条　到岗到位工作应遵循"统筹协调、确保实效"的原则，避免多部门、多专业管理人员在较短周期内对同一施工单位、工作班组、作业现场重复开展督导检查。

第三十四条　到岗到位工作应结合安全生产实际和月、周、日施工作业计划，同步制定到岗到位计划，明确到岗人员、到岗时间、到位要求和到岗形式，并逐级上报。

第三十五条　到岗人员应根据实际情况，采取计划和"四不两直"等方式，对施工作业任务进行全过程或关键时段、重要环节以及承担作业任务的施工单位和班组，开展到岗到位督导检查。

第三十六条　到岗人员应严格遵守安全规章制度，做到到位不越位，严禁到岗人员违章指挥，严禁到岗人员未履行手续参与作业；对到岗到位过程中发现的问题和违章现象，应立即责令整改。

第三十七条　因疫情管控要求，相应到岗人员无法到岗到位，应采取远程视频等手段履责，视频监控记录应保存备查。

第三十八条　疫情期间，相应管理人员应检查现场施工人员疫情防控措施落实是否到位。

第八章 施工安全风险现场控制

第三十九条 任何条件下，禁止施工人员独自一人开展任何施工工作。

第四十条 安全监护人负责施工现场风险预控措施的落实和施工过程的安全监护，三级风险作业由施工项目部班组负责人或安全员担任安全监护人，二级风险作业由施工项目部经理和安全员担任。

第四十一条 作业前复核安全施工作业必备条件，对新的环境条件、实施状况和变更情况，补充控制措施，评估项目风险控制的有效性。

第四十二条 施工前准备。

（一）所有作业开工前，对应的"通信工程安全施工作业票"（见附则4）必须经过相应等级人员签发、审查、确认。

（二）作业开始前，施工项目部要对作业人员进行全员安全风险交底，并组织全体参加作业人员在施工作业票的"签名栏"签字。每天作业前，工作负责人要再次通过读票方式进行安全交底。

（三）作业开始前，安全监护人、工作负责人按照作业流程，逐项确认风险预控措施落实，并在施工作业票上签字，作业过程中随时检查有无变化。

（四）在风险预控措施不落实的情况下，作业人员有权指出、上报，并拒绝作业。

第四十三条　光缆接续施工重点预控措施。

（一）重点防止人员高处坠落和高空坠物。

（二）登塔前检查塔腿固定情况，如发现地脚螺栓未固定紧固，不可登塔作业。

（三）登高前检查安全帽、安全带、安全绳等安全设备的情况，并正确佩戴。登塔过程中使用竖向攀爬绳，水平移动时，使用水平移动绳。

（四）登高人员应穿防滑鞋；所需工具应系在身上并使用工具包，随身不携带可能掉落的物品，避免高空坠物；上下传递物品须使用传递绳，严禁抛扔；同时应避免人员在上下两层同时开展作业。

（五）五级及以上风力环境禁止登塔作业。

（六）攀登无爬梯或无脚钉的混凝土杆必须使用登杆工具，多人上下同一杆塔时应逐个进行，严禁利用绳索或拉线上下杆塔或顺杆下滑。

（七）进入林区严禁携带火种。

第四十四条　已有站点施工重点预控措施。

（一）在已运行站点开展施工时，必须执行《国家电网有限公司通信检修管理办法》（国家电网企管〔2017〕221 号）、《电力通信检修管理规程》（Q/GDW 720—2012）、《电力通信现场标准化作业规范》（Q/GDW 10721—2020）、《国家电网公司电力安全工作规程（信息、电力通信、电力监控部分）（试行）》（国家电网安质〔2018〕396 号）等相关现行文件要求。

（二）重点防止人员触电、误动在运设备。

（三）施工前明确工作屏位，挂"在此工作"标牌，在相邻屏柜设置"运行设备，禁止开启"红布帘。

（四）施工前划出工作区域，施工人员禁止进入与工作无关的区域。

（五）涉及割接的施工需编制操作票，明确各项操作先后次序并严格执行。

（六）施工前应按规定设置施工现场围挡划出工作区域。现场入口及主要施工区域、危险部位设置相应安全警示标识牌。

第四十五条　施工转场交通重点预控措施。

（一）重点检查车辆是否正常保养，指示灯是否正常工作，轮胎磨损情况是否在合理范围内，轮胎气压是否在正常范围内，制动系统是否正常工作。

（二）严禁无证驾驶、酒后驾驶、疲劳驾驶，行车过程严格遵守交通法规。

第四十六条　带电作业重点预控措施。

（一）施工人员脚下需垫绝缘垫板，穿戴绝缘手套、绝缘鞋。

（二）对工具进行绝缘处理，检查相关线缆防止漏电。

（三）对可能触碰到的带电物体进行隔离，避免误碰。

（四）对可能带电的物体，需事先用电笔进行测试。

第四十七条　电源改造施工重点预控措施。

（一）针对设备的情况，对突然断电后不易恢复且数据重要的设备进行数据备份。

（二）施工人员充分掌握设计图纸的设计意图、结构、特点和技术要求，严格按照设计图纸的要求进行施工。

（三）编制操作票，明确工程项目工艺流程和技术要求，掌握先后次序和相互关系。

（四）直流母排连接时注意预防正负母排短路；检查材料和工具是否齐全和完好；工具在使用前做好绝缘防护处理。

第四十八条　OPGW带电改造施工重点预控措施。

（一）制定详细的施工方案，通过相关计算等确保施工工作的可行性，并召开施工方案的审查会议。

（二）做好安全用具准备，包括安全带、屏蔽服、绝缘绳、验电笔、绝缘鞋、绝缘手套、有色防护眼镜、警示牌等，并正确使用。

（三）做好施工现场工作布置，作业区域内禁止出现无关人员。

（四）工器具、材料起吊、放下时，通过使用反向临时拉线的方式，避免因所吊物件因摆动造成对带电侧导线的安全距离不够，而造成触电伤亡事故。

（五）编制施工应急预案，确保施工过程出现异常时有效应对。

第四十九条　高原高海拔地区施工重点预控措施。

（一）进入高原高海拔地区之前，作业人员应先进行体检，患有高血压的病人不允许进入高原地区进行施工。

（二）进入高原高海拔地区之前，作业人员应经过习服过程。

（三）施工项目部需做好高原高海拔地区工作的基础知识培训，确保上线人员了解高原病症状、防控救治措施、紧急处置原则。

（四）了解高原工作区域内动物疫情，作好个人防护工作，不得食用野生动物。

第五十条　当发生疫情防控等公共卫生事件时，施工现场疫情防控重点措施。

（一）进入施工现场前，参建单位应及时与相关人员签订疫情防控告知书与疫情防控承诺书。

（二）在施工现场进口设立体温监测点，对所有进入施工现场人员进行体温检测和健康查验，核对人员身份和健康状况。凡有发热、干咳等症状的，应禁止其进入，并及时报告和妥善处置。

（三）储备适量的、符合国家及行业标准的口罩、防护服、一次性手套、酒精、消毒液、智能体温检测设备等防疫物资，建立物资储备台账，确保施工现场和人员疫情常态化防控防护使用需求。

（四）建立健全疫情防控应急机制，制定应急预案，明确应急处置流程，确保责任落实到人。

第五十一条　特殊天气施工重点预控措施。

（一）现场负责人应及时掌握气象情况，遇特殊天气，及时通知作业人员。

（二）在特殊天气条件下，采取必要的停止作业措施，合理安排作业时间、施工工序，确需作业的应配备相应的防护用品、采取必要的防护保护措施。

（三）特殊天气过后，施工单位应对施工现场安全防护等进行全面的隐患排查，消除安全隐患，在确保施工现场具备安全生产条件下方可复工。

（四）编制专项施工方案，明确特殊天气下施工内容及控制重点、施工准备、施工要点及措施、应急预案等。

第五十二条　有限空间施工重点预控措施。

（一）有限空间作业应坚持"先通风、再检测、后作业"的原则，作业前应进行风险辨识，分析有限空间内气体种类并进行评估监测，做好记录。

（二）在有限空间出入口，设置警戒区、警戒线、警戒标志，夜间应设警示红灯，未经许可，不得入内。

（三）在有限空间作业中，应保持通风良好，禁止用纯氧进行通风换气。

（四）进入潮湿、有电气设备的有限空间及在潮湿的有限空间内使用电气设备时，作业人员应穿绝缘鞋。

（五）在有限空间作业场所，应配备安全和抢救器具，如防毒面罩、呼吸器具、通信设备、梯子、绳缆以及其他必要的器具和设备。

（六）有限空间作业中发生事故，现场有关人员严禁盲目施救，应急救援人员实施救援时，应当做好自身防护，佩戴必要的呼吸器具、救援器材。

第九章 附 则

第五十三条 本规范由国家电网有限公司信息通信分公司解释并监督执行。

第五十四条 本规范自发布之日起施行。

附则:

1. 通信工程施工安全风险管理流程

2. 通信工程施工安全风险管控要求

3. (项目名称)通信工程施工安全风险识别及预控措施清册

4. 通信工程安全施工作业票

5. 通信工程施工固有风险定级库

附则 1

通信工程施工安全风险管理流程

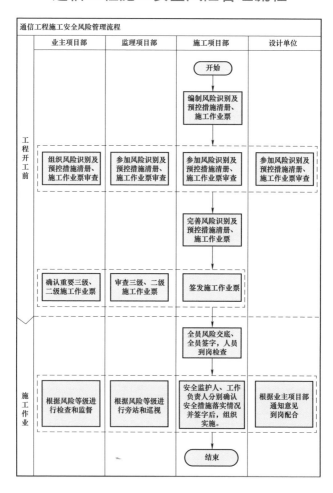

附则2

通信工程施工安全风险管控要求

风险等级	人员到岗要求				施工作业票及专项施工方案签发、审查与确认
	建管单位	设计单位	监理单位	施工单位	
一级	一级风险作业不得直接实施，必须通过组织、技术措施降为二级及以下风险后方可实施				
二级	建设单位主管部门至少一位部门负责人现场检查，业主项目经理现场监督、签字	根据业主项目部通知意见确定是否到场	公司相关管理人员现场检查，项目总监、安全监理工程师现场监督	至少一位分公司经理或公司负责本专业的专职副总工程师以上的管理人员现场检查，施工单位安质部等相关职能部门派专人监督，施工项目经理、专职安全员现场监督	二级和重要三级（带电作业、电源改造、业务割接等）风险施工需编制专项施工方案，作为施工作业票的附件。施工作业票由施工项目部经理签发，监理人员审查，二级和重要三级由业主项目部经理确认
三级	重要三级风险作业，业主项目部成员到场；其他作业业主项目部开展抽检、巡查	根据业主项目部通知意见确定是否到场	重要三级风险作业，总监或总监代表到场，其他作业旁站监理（其中线路作业，可采取旁站或巡视方式）	施工班组负责人、安全员现场监护，施工项目部专职安全员现场检查控制措施落实情况	
四级			旁站监理（其中线路作业可采取旁站或巡视方式）	施工班组负责人或安全员现场监护	施工作业票由施工项目部施工队长或项目经理签发
五级			酌情到场		

附则 3

（项目名称）通信工程施工安全风险识别及预控措施清册

序号	地点	施工内容	工序	风险可能导致的后果	风险等级	预控措施

附则 4

通信工程安全施工作业票

工程名称：_____

施工单位：_____

施工站点：_____

作业内容 （可多项）			

工序		风险等级	专项施工方案 （请附后）
1			
2			
3			

主要风险	
计划开始时间	

实际开始时间		实际结束 时间	

特殊工种作业人员（请附资格证明）

作业必备条件及班前会检查		
	是	否
1. 作业人员着装是否规范、精神状态是否良好，是否经安全培训	□	□
2. 特种作业人员是否持证上岗	□	□
3. 作业人员是否有妨碍工作的职业禁忌	□	□

续表

4. 是否有超年龄或年龄不足参与作业	□	□
5. 施工机械、设备是否有合格证并经检测合格	□	□
6. 工器具是否经准入检查,是否完好,是否经检查合格有效	□	□
7. 是否配备个人安全防疫、防护用品,并经检验合格,是否齐全、完好	□	□
8. 结构性材料是否有合格证	□	□
9. 按规定需送检的材料是否送检并符合要求	□	□
10. 安全文明施工设施是否符合要求,是否齐全、完好	□	□
11. 是否编制安全技术措施,安全技术方案是否制定并经审批或专家论证	□	□
12. 作业票是否已办理并进行交底	□	□
13. 作业人员是否参加过本工程技术安全措施交底	□	□
14. 作业人员对工作分工是否清楚	□	□
15. 各工作岗位人员对施工中可能存在的风险及预控措施是否明白	□	□
16. 作业人员健康状况及行程是否符合属地疫情防控要求	□	□
17. 高温、暴雨、台风、道路结冰等特殊天气是否做好安全防护	□	□

作业过程预控措施及落实

	是	否
1.	□	□
2.	□	□
3.	□	□
4.	□	□
5.	□	□

全员签名

续表

编制人		审核人	
签发人	施工队长或项目经理 （四级、五级风险）		
	施工项目部经理 （二级、三级风险）		
监理人员审查（二级、三级风险）			
业主项目部经理确认（二级和重要三级风险）			
工序		安全监护人	工作负责人
1			
2			
3			

附则 5

通信工程施工固有风险定级库

序号	作业内容	风险因素	风险级别
一、通信机房施工			
1. 施工用电			
1.1	临时电源端子箱施工用电引接	触电、火灾	三级
1.2	普通施工用电	触电、火灾	五级
2. 新建站点通信施工			
2.1	常规屏柜搬运、安装	机械伤害、物体打击、其他伤害	五级
2.2	吊装屏柜搬运	机械伤害、物体打击、高处坠落、其他伤害	四级
2.3	线缆敷设及接线	机械伤害、物体打击、其他伤害	四级
2.4	大件设备（4U 及以上）安装	机械伤害	四级
2.5	交叉作业	机械伤害、物体打击、高处坠落、其他伤害、设备伤害	四级
3. 在运通信站点改扩建施工			
3.1	现场作业准备及布置	触电	四级
3.2	户外材料、设备搬运	触电	四级
	户外邻近带电作业	触电、电网事故	三级
3.3	户内设备安装、运行屏柜上接线	触电、火灾、电网事故	三级
3.4	SDH 设备、光路子系统扩容及调试	设备故障、业务中断	三级

续表

序号	作业内容	风险因素	风险级别
3.5	调度交换机扩容及调试	设备故障、业务中断	三级
3.6	行政交换机扩容及调试	设备故障、业务中断	三级
3.7	数据通信网扩容调试	设备故障、业务中断	三级
3.8	配线架接线	业务中断	三级
3.9	线缆敷设及接线	机械伤害、物体打击、其他伤害	三级
3.10	时钟、纵密、2M 切换等其他设备扩容及调试	设备故障、业务中断	四级
3.11	退运设备拆除	机械伤害、物体打击、其他伤害	五级
4. 单机及系统调试			
4.1	设备加电	设备故障、触电	四级
4.2	常规设备调试	设备故障	五级
4.3	大功率器件调试	设备故障、人身伤害	四级
二、光缆施工			
1	OPGW 光缆接续	机械伤害、物体打击、高处坠落、触电	四级
2	站内光缆敷设施工	机械伤害、触电	四级
3	同塔双回线路，单回停电，停电侧架空光缆的敷设、更换、熔接等作业	触电、机械伤害、物体打击、高处坠落	二级
4	停电线路架空光缆的敷设、更换、熔接等作业	机械伤害、物体打击、高处坠落、触电	四级
5	电缆隧道光缆的敷设、更换、熔接等作业	机械伤害、物体打击	四级

续表

序号	作业内容	风险因素	风险级别
三、通信业务割接			
1	通信业务割接现场操作	业务中断	三级（*）
四、通信电源施工			
1	通信电源及蓄电池割接改造	设备失电、触电	三级（*）
2	新增通信电源、新增蓄电池	设备失电、触电	四级
3	整流模块、直流空气开关、母排扩容	设备失电、触电	四级
五、网管接入施工			
1	通信设备网管接入	网元脱管	三级
2	动力环境监控设备主站接入	监控故障	四级
六、视频会议保障			
1	重大仪式、总部一、二类会及公司领导参加的重要会议保障	音、视频中断	三级
2	工程现场常规会议保障	音、视频中断	四级
七、特殊地区通信施工			
1	高海拔地区施工	高原反应、高处坠落	三级
2	沼泽、湖泊地区施工	溺水	四级
3	沙漠、戈壁地区施工	脱水、失联	四级
4	严寒地区施工	冻伤	四级

续表

序号	作业内容	风险因素	风险级别
八、施工转场交通			
1	自驾交通	交通事故	四级
九、新建通信机房			
1. 桩基础施工			
1.1	现场临时建筑物搭设、吊放钢筋笼、浇筑桩身混凝土	高处坠落、坍塌、火灾、触电、机械伤害	四级
2. 建筑物工程			
2.1	施工前准备、模板工程、钢筋工程、混凝土工程、砌筑工程、屋面工程、室内外抹灰、涂料工程、装饰装修工程、水电工程、暖通工程	机械伤害、物体打击、高处坠落、触电、火灾、坍塌	四级
3. 电缆沟道			
3.1	现场作业准备及布置、预制电缆槽、预埋钢管施工	坍塌、触电、机械伤害、物体打击、火灾	五级
3.2	现浇式电缆沟施工	机械伤害、触电、其他伤害、物体打击、火灾	四级
4. 接地网			
4.1	接地网施工	触电、物体打击、其他伤害	五级
5. 钢管脚手架			
5.1	现场准备工作、钢管脚手架搭设、脚手架的验收与维护、脚手架拆除	高处坠落、物体打击、坍塌	四级

续表

序号	作业内容	风险因素	风险级别
十、业务关键期施工			在原风险等级基础上上升一级，其中四级上升为三级、三级上升为重要三级、重要三级上升为二级
1	迎峰度夏期间，在一、二级网设备所在站点进行板卡扩容、通信电源改造、运行光缆切改、通信业务割接等施工	设备失电、设备故障、光缆中断、业务中断	
2	重大会议、重大活动、重要节日等特殊保障期间，在保障范围内的站点开展运行设备板卡扩容、通信电源改造、运行光缆切改、通信业务割接等施工	设备失电、设备故障、光缆中断、业务中断	
十一、有限空间作业施工			
1	封闭式沟道、管井等有限空间作业	中毒、窒息	三级

注 1. 一级风险：极高风险，包括《国家电网有限公司输变电工程施工安全风险识别、评估及预控措施管理办法》定义的五级风险、可能导致《国家电网有限公司安全事故调查规程》五级事件的风险。

2. 二级风险：高度风险，包括《国家电网有限公司输变电工程施工安全风险识别、评估及预控措施管理办法》定义的四级风险、可能导致《国家电网有限公司安全事故调查规程》六级事件的风险。

3. 三级风险：显著风险，包括《国家电网有限公司输变电工程施工安全风险识别、评估及预控措施管理办法》定义的三级风险、可能导致《国家电网有限公司安全事故调查规程》七级事件和八级事件的风险、可能导致《国家电网有限公司信息通信分公司信息通信安全风险事例调查分析工作规范》一级事例的风险；标*的为重要三级风险。

4. 四级风险：一般风险，包括《国家电网有限公司输变电工程施工安全风险识别、评估及预控措施管理办法》定义的二级风险、可能导致《国家电网有限公司信息通信分公司信息通信安全风险事例调查分析工作规范》二级事例的风险。

5. 五级风险：稍有风险，包括《国家电网有限公司输变电工程施工安全风险识别、评估及预控措施管理办法》定义的一级风险。

第二部分

通信工程施工现场关键点作业安全管控措施

一、通信工程施工现场管控通用要求

（一）施工项目部现场关键点作业安全管控措施

（1）组织项目管理人员及专业分包管理人员参加业主项目部组织的风险初勘、三级交底及会签。

（2）对两个及以上施工单位在同一作业区域内进行施工、可能危及对方生产安全的作业活动，组织签订安全协议，并指定专职安全生产管理人员进行安全检查与工作协调。

（3）梳理、掌握本工程可能涉及的人身伤亡事故的风险，组织专项交底，由相关方会签后，经业主项目经理签发后执行。并将其纳入项目管理实施规划、安全风险管理及控制方案等策划文件。

（4）施工项目部根据工程情况编制分部工程安全文明施工设施标准化配置计划，并报审监理项目部进行进场验收把关，对现场检查出安全文明施工设施使用不规范情况给予责任单位及人员相应考核。

（5）施工项目部将分包计划报审监理项目部审查，批准后上报拟分包合同及安全协议，确保分包商的施工能力满足工程需要。分包人员进场前，施工项目部为全体分包人员建立登记档案，同时跟踪、考核分包人员动态管理的情况。

（6）在分包工程开工前，施工项目部向监理项目部、业主项目部报批施工人员名单以及作业范围。负责收集并检查施工人员的履职记录及留存的数码照片。

（7）人员到岗要求依据《电力通信工程作业安全风险管控工作实施细则》，二级和重要三级（带电作业、电源改造、业务割接）风险施工需要编制专项施工方案，作为施工作业票的附件，施工作业票由施工项目部经理签发、监理人员审查，业主项目部经理确认。

（8）落实施工项目部验收职责，认真开展施工队自检、项目部复检工作，并报审公司专检、监理初检验收，完成各级验收消缺整改工作。

（9）按要求配备施工项目经理、项目总工、技术员、安全员、质检员、造价员、资料信息员、材料员、综合管理员等项目管理人员。安全员、质检员必须为专职，不可兼任项目其他岗位。

（10）严格审查专项施工方案是否根据现场实际编制，对经过审批的施工方案现场执行不严格的，追究现场管理人员、施工负责人的责任。

（11）班前会相关要求：施工期间，每日召开班前会，班前会由班组长组织全体班组人员召开；班前会应结合当班运行方式、工作任务，开展安全风险评估，布置风险预控措施，组织交代工作任务、作业风险和安全措施，检查个人安全工器具、个人劳动防护用品和人员精神状况。

（12）安全交底相关要求：操作前，工作负责人组织全体作业人员整理着装，统一进入作业现场，进行安全交底，列队宣读通信工程安全施工作业票及电力通信工作票，交代工作内容、人员分工、带电部位、安全措施和技术措施，进行危险点及安全防范措施告知，抽取作业人员提问无误后，全体作业人员确认签字；现场安全交底宜采用录音或影像方式，作业后由作业班组留存一年。

（13）特种作业人员及特种设备操作人员应持证上岗。开工前，工作负责人对特种作业人员及特种设备操作人员交代安全注意事项，指定专人监护。特种作业人员及特种设备操作人员不得单独作业。

（14）外来工作人员须经过安全知识和《国家电网公司电力安全工作规程（信息、电力通信、电力监控部分）（试行）》（国家电网安质〔2018〕396号）培训考试合格，佩戴有效证件，配置必要的劳动防护用品和安全工器具后，方可进场作业。

（15）安全工器具和施工机具安全要求：作业人员应正确使用施工机具、安全工器具，严禁使用损坏、变形、有故障或未经检验合格的施工机具、安全工器具；特种车辆及特种设备应经具有专业资质的检测检验机构检测、检验合格并在使用期限内，取得安全使用证或者安全标志后，方可投入使用。

（16）其他通用要求：根据施工内容，工作负责人需携带通信工程安全施工作业票及电力通信工作票、现场勘察记录、"三措一案"等资料到作业现场；涉及多专业、多单位的大型复杂作业，应明确专人负责工作总体协调；班前会照片、交底记录等安全相关影像资料应按业主单位要求上传至相关通信工程管理信息系统；现场执行"随做随清、随做随净"制度，整个现场必须达到"一日一清、一日一净"。

（二）监理项目部现场关键点作业安全管控措施

（1）工程开工前，参与业主项目部组织的安全风险交底及风险的初勘，收集保存交底记录表及风险初勘相关记录文件，针对本工程可能涉及的人身伤亡事故的风险作业及应急预案，提出监理意见。

（2）审查施工单位上报的关键点作业安全管控措施或专项施工方案，制定针对性的监理控制措施，并对监理项目部人员进行全员交底，并收集保存交底记录表。检查施工单位安全生产责任制和规章制度。

（3）依据《电力通信工程作业安全风险管控工作实施细则》，三级风险施工要求按照制订的监理安全旁站计划，开展安全监理旁站工作；二级风险施工要求公司相关管理人员现场检查，项目总监、安全监理工程师现场督察。

（4）严格审查拟进场分包商施工资质、人员配备及人员资质（安全生产考核合格证书、特种作业人员资格证书等）、施工机具和队伍管理能力，提出监理审查意见，不符合要求的严禁进场；检查施工项目部分包人员的建档情况和施工人员配置情况；施工过程中，检查分包人员动态管理情况。

（5）对关键点作业实施监理过程中发现的安全隐患，要求施工项目部整改，必要时要求施工项目部暂时停止施工，并及时报告业主项目部，对整改情况进行跟踪。

（6）加强工程转序管理，落实监理初检职责，对施工三级自检严格审核，对不满足条件的严禁转序。

（7）检查施工人员安全防护用品的佩戴情况，安全防护用品（安全帽、安全带等）应满足相关规范要求。

（8）为工程项目配备认真履责、合格的总监理工程师和安全监理工程师，按要求开展关键点作业安全管控工作。

（9）审批监理项目部编制的监理规划、安全监理工作方案，对其中关键点作业安全管控措施重点把关。

（三）业主项目部现场关键点作业安全管控措施

（1）组织各施工单位签订安全协议，并指定专职安全生产管理人员进行安全检查与工作协调。

（2）针对人身伤害的关键环节，组织设计单位对施工、监理项目部进行风险初勘、交底，在设计交底过程中，重点对可能造成人身伤害的风险进行专项交底，由相关方会签后，经业主项目经理签发后执行。

（3）组织施工、监理项目部梳理、掌握本工程可能涉及的人身伤亡事故的风险，将其纳入项目总体策划、应急处置方案等策划文件，制订管控计划，履行审批手续。

（4）风险作业的分部工程开始前，将防护人身伤害的安全设施配置情况纳入开工、转序的必备条件，对其中影响人身伤害的"关键项"不符合要求的，不批准开工。对现场检查出安全文明施工设施标准化配置不符合项出具处罚意见，在结算时扣罚相应考核金，同时，通报相应责任单位。

（5）分包单位进场前，严格履行分包商进场验证检查手续，核查分包商施工资质、人员配备、施工机具和队伍管理能力，确保分包商的施工能力满足工程需要。检查施工项目部分包人员的建档情况，同时跟踪、考核分包人员动态管理的情况。

（6）通过规范分包管理工作流程，强化分包作业现场人身事故的防控。在分包工程开工前，审批施工项目部报送的施工人员名单，以及作业范围。监督施工项目部严格执行作业现场的刚性要求，检查施工人员的履职记录及留存的数码照片。

（7）人员到岗要求依据《国家电网公司输变电工程施工安全风险辨识、评估及预控措施管理办法》[国网（基建/3）176—2014]，二级风险施工要求工程中心至少一位部门负责人现场检查，业主项目经理现场督察、签字。

（8）加强新建及改造通信机房、光缆接续转序管理，按"谁检查谁签字、谁签字谁负责"的原则，强化工程验收"痕迹"管理，落实转序验收资料的签订，对不满足转序条件严禁转序。

（9）对违反规定与要求的施工承包商，责令其改进或停工整顿，依据施工合同进行考核。

（四）工作手续相关要求

（1）所有站内通信施工及光缆接续施工，均应按照《电力通信工程作业安全风险管控工作实施细则》要求办理通信工程安全施工作业票。

（2）已运行站点施工，应按《国家电网公司电力安全工作规程（信息、电力通信、电力监控部分）（试行）》（国家电网安质〔2018〕396号）要求办理电力通信工作票，并满足"双签发"要求。

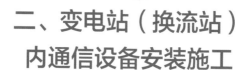

二、变电站（换流站）
内通信设备安装施工

（一）设备基础槽钢及走线桥架（槽盒）安装施工

风险提示：该类作业安全控制核心是电焊机的正确使用。不执行以下安全管控措施，将导致作业人员触电及引发现场火灾造成人身伤害及火灾事故。

1. 作业必备条件

（1）施工方案已批准，并完成项目部和班组级交底。

（2）各类人员、安全工器具、施工机械设备、材料等已经报审并批准，满足现场安全技术要求。施工作业前仔细检查现场安全工器具、施工机械，设备合格后方可使用。

（3）电焊作业，必须经有相应资质的部门（如省、市质量技术监督局、安监局，以及省电监协会、省电力建设质量中心监督站等）进行专业培训，并经考试考核合格，持相应有效的特种作业人员操作合格证，报工程监理审核后方可上岗作业。动用电焊或明火必须严格按照要求办理相关手续，并由专人负责监护。

（4）根据施工内容，完成相关工作手续办理。

2. 作业过程安全管控措施

（1）在安装设备基础槽钢、走线槽（桥架）的工作现场，登高作业需持有登高证，使用的梯子应坚固完整，有防滑措施，梯子的支柱应能承受作业人员、所携带材料、所携带工具的总质量。工作现场应清理地面的障碍物。对建筑物的预留孔洞、楼梯口，必须覆盖牢固或设置围栏。

（2）使用电钻等电气工具时，应进行检查，机具应按其出厂说明书和铭牌的规定使用，不准使用已变形、已破损或有故障的机具。电动工具应做到"一机一闸一保护"。

（3）钻孔作业时，不得损害建筑物承重的主钢筋。需要开凿墙洞（孔）时，不得损害建筑物的承重墙结构。

（4）电焊作业时，应尽可能把电焊时间和范围压缩到最低限度，电焊机应使用带剩余电流动作保护器（漏电保护器）的电源，现场应注意通风、防火并设置专人监护，现场必须配备灭火器，正确使用防护用品，动火作业点应远离易燃物，并符合《建设工程施工现场消防安全技术规范》（GB 50720—2011）的要求，需办理动火证，执行审批制度。

（5）电焊工作完毕后，应检查现场有无残留火种，是否清洁等。

（二）通信设备安装施工

风险提示：该类作业安全控制核心是人员及设备在搬

运、安装过程中的安全防护。不执行以下安全管控措施，将导致人员伤害及设备损坏。

1. 作业必备条件

（1）施工方案已批准，并完成项目部和班组级交底。

（2）各类人员、安全工器具、施工机械设备、材料等已经报审并批准，满足现场安全技术要求。施工作业前仔细检查现场安全工器具、施工机械，设备合格后方可使用。

（3）根据施工内容，完成相关工作手续办理。

2. 作业过程安全管控措施

（1）屏柜在安装地点拆箱后，应立即将箱板等杂物清理干净，以免阻塞通道或钉子扎脚；屏柜搬运时应配备四人及以上的人力。

（2）屏柜就位时要防止倾倒伤人和损坏设备；柜底垫片时不得将手脚伸入底部，防止挤轧手脚。

（3）缆线布放应自然平直靠拢，不得产生扭绞、打圈等现象，不宜绑扎过紧，以免缆线受外力的挤压和损伤，尾纤弯曲半径应大于 40mm。

（4）禁止裸眼直视光纤出口，以防止激光束灼伤眼睛。

（5）设备调试加电前，应检查设备的电气连接和输入电压，确保设备 –48V 电源极性连接正确、输入电压正常；检查供电设备各级开关容量是否满足上下级差要求，设备已可靠接地。

（三）在运通信设备改造施工

风险提示：该类作业安全控制核心是在运设备的安全，不执行以下安全管控措施，将造成在运设备告警、运行业务中断、设备断电等电网事故。

1. 作业必备条件

（1）已批准的施工方案，并完成项目部和班组级交底。

（2）各类人员、安全工器具、施工机械设备、材料等已经报审并批准，满足现场安全技术要求。施工作业前仔细检查现场安全工器具、施工机械，设备合格后方可使用。

（3）安装电力通信设备前，应对机房作业现场基本条件、电力通信电源负载能力等是否符合安全要求进行现场勘察。

（4）根据施工内容，完成相关工作手续办理。

（5）根据电力通信工作票内容设置工作区域及安全防护措施，由运行单位确认具备开工条件并获得开工许可。

2. 作业过程安全管控措施

（1）操作前，应再次核实所涉及的设备屏位、板卡槽位、业务端口等资料，确保与施工图纸一致。

（2）在运行光配架布放尾缆、调整光路时，应认真核实光配运行资料，确定尾纤位置，严禁误碰运行尾纤。

（3）拔插设备板卡时，应做好防静电措施；存放设备板卡宜采用防静电屏蔽袋、防静电吸塑盒等防静电包装。

（4）对使用光放大器的光传送段进行工作时，应关闭放大器发光。

（5）使用尾纤自环光口，发光功率过大时，应串入合适的衰耗（减）器。

（6）使用光时域反射仪（OTDR）进行光缆纤芯测试时，应先断开被测纤芯对端的电力通信设备和仪表。

（7）在带电设备上工作要严格按照操作规程进行操作，防止触电伤害事故的发生。

（8）在更换存储有运行数据的板件时，应先备份运行数据。

（9）电力通信网管的账号、权限应按需分配，不得使用开发或测试环境设置的账号。

（10）在作业人员可能误停其他设备或误断其他业务的工作环节，工作负责人应执行监护工作。

（11）业务通道投退时，应及时更新业务标识标签和相关资料。

（12）工作完成后，确认电力通信系统运行正常，清扫、整理现场，全体工作人员撤离工作地点，向运行部门办理电力通信工作票终结。

（13）拆除机柜时，应确保两侧运行设备的安全；拆除设备电源时，应核实设备电气连接，防止误断其他运行设备电源；拆除线缆时，应核实线缆接线关系，防止误断其他运行中的线缆。

（四）通信直流电源设备安装施工

风险提示：该类作业安全控制核心是人员触电等风险管控。不执行以下安全管控措施，将导致人员伤害及设备损坏。

1. 作业必备条件

（1）施工方案已批准，并完成项目部和班组级交底。

（2）各类人员、安全工器具、施工机械设备、材料等已经报审并批准，满足现场安全技术要求。施工作业前仔细检查现场安全工器具、施工机械，设备合格后方可使用。

（3）电源专业施工人员应经过专业培训，取得上岗资格后，方可进行电源专业施工。电源专业施工必须设置专职安全监督、检查人员，以保证施工顺利进行。

（4）根据施工内容，完成相关工作手续办理。

2. 作业过程安全管控措施

（1）设备安装过程中，需使用交流电源时，应征得机房值班人员同意后方可使用。使用前必须测量电压、核实电源开关容量，电源插座及连线应经常检查，发现裸露应及时更换，插头应完好无损，符合安全要求。严禁直接将临时电源线接在隔离开关、空气开关及断路器上。用电有漏电保护；手持电动工具的开关要灵敏、安全，外壳和手柄应无裂纹和破损并绝缘良好。

（2）电源施工工具，使用前必须做好绝缘和防静电处理。

（3）电源系统的电气连接必须安全可靠、牢固；电源线的触点及各种裸露之处，要做好绝缘处理。

（4）每套通信电源应有两路分别取自不同母线的交流输入，并具备自动切换功能。通信电源每个整流模块交流输入侧应加装独立空气开关。

（5）设备加电前，首先应检查设备内不得有金属碎屑，检查熔丝、空气开关是否匹配合适，极性是否有接错和短路情况，设备加电时，必须沿电流方向逐级加电，逐级测量电压并符合设备要求，接地电阻应符合电气要求。

（6）蓄电池搬运过程中，应注意不要触动电池极柱和安全排气阀，以免使电池极柱受到额外应力及蓄电池密封性能受到破坏，同时应小心轻放，避免蓄电池破损。

（7）安装蓄电池连接铜排或线缆时，应使用经绝缘处理的工器具，连接螺栓、螺母应拧紧，严禁将蓄电池正负极短接。

（8）直流开关或熔断器未断开前，不得断开蓄电池之间的连接。

（9）蓄电池组接入电源时，应检查电池极性，并确认蓄电池组电压与整流器输出电压匹配。

（五）通信直流电源设备改造施工

风险提示：该类作业安全控制核心是人员触电、设备掉电、业务中断等风险管控。不执行以下安全管控措施，将导致人员伤害、设备停运、业务通道中断等事件。

1. 作业必备条件

（1）施工单位应提前进行现场勘查核验，确保"三措一案"符合现场情况，涉及电源系统切改，应编制专项切改方案。

（2）施工单位"三措一案"批准后，经运行单位审核通过，完成项目部和班组级交底。

（3）电源专业施工人员应经过专业培训，取得上岗资格后，方可进行电源专业施工。各类人员、安全工器具、施工机械设备、材料等已经报审并批准，满足现场安全技术要求。施工作业前仔细检查现场安全工器具、施工机械，设备合格后方可使用。

（4）根据施工内容，完成相关工作手续办理。

（5）根据电力通信工作票内容设置工作区域及安全防护措施，由运行单位确认具备开工条件并获得开工许可。

2. 作业过程安全管控措施

（1）操作前，应再次核实施工设备屏位、设备供电情况、线缆情况等，并设置专职监护人。

（2）电源设备断电改造前，应确认负载已转移或关闭。

（3）在带电运行的设备、列头柜、分支柜中操作时，作业人员应取下手表、戒指、项链等金属制品，并采取有效措施防止螺钉、垫片、金属屑等材料掉落引起短路。

（4）对于在用设备需要新设备替换时，必须对新设备电器性能进行详细测试和检查。替换的新设备在安装前应把新设备开关置于"关"的位置，再就位安装。重新布防电源线或利用已有的电源线时，应核实电源的极性，设备电源线的正负极严禁接反。

（5）新增负载前，应核查电源负载能力，并确保各级开关容量匹配。

（6）在插、拔已带电运行的通信电源模块时，应佩戴静电手环，以免产生静电以致发生短路伤及设备和人身。

（7）拆除原开关电源时，应做好验电措施；电源改造前，应核实负载是否已接入另一套电源，保证所带设备不断电。

（8）拆除旧设备和电源割接时，操作人员应使用绝缘工具或进行绝缘处理的工具。拆除设备前，应首先切断设备的电源开关，再切断配电柜上电源开关或熔断器，验电确保不带电后开展线缆和设备拆除。

（9）拆接电源电缆前，应断开电源的输出开关，裸露电缆头应做绝缘处理；电力电缆敷设或拆除过程中严禁用力拉扯；直流电缆接线前，应校验线缆两端极性。

（10）双路交流输入切换试验前，应验证两路交流输入、蓄电池组和连接蓄电池组的直流接触器正常工作，并做好试验过程监视。

（11）未经批准不得修改运行中电源设备运行参数。

（六）变电站（换流站）通信导引光缆敷设施工

风险提示：该类作业安全控制核心是光缆敷设和裁剪中割伤等安全隐患。不执行以下安全管控措施，将导致人员伤害及光缆受损。

1. 作业必备条件

（1）施工方案已批准，并完成项目部和班组级交底。

（2）各类人员、安全工器具、施工机械设备、材料等已经报审并批准，满足现场安全技术要求。施工作业前仔细检查现场安全工器具、施工机械，设备合格后方可使用。

（3）光缆敷设前检查电缆沟道及走线槽盒是否与施工图纸一致，并且畅通，电缆沟内支架是否牢固。敷设光缆应配备适当的施工作业人员，作业人员应配备防护手套。

（4）根据施工内容，完成相关工作手续办理。

2. 作业过程安全管控措施

（1）放光缆时由专人指挥。光缆通过孔洞、管道的通道时，两侧设置监护人。放光缆时，临时打开的沟盖、孔洞须设警示标志或围栏，完工后，立即封闭。施工人员进入隧道、夹层及电缆沟必须戴好安全帽，拐弯处人员必须站在电缆外侧，在运行变电站敷设光缆必须取得生产运行单位同意和监护。

（2）在竖井、桥架、沟道、管道、隧道内敷设光缆时，应派专人看护，防止光缆损伤。在沟道内线缆桥架、槽盒施工时，应注意佩戴防护手套，避免造成人员割伤。

（3）施工现场，必须做到孔洞、各类沟道、竖井有盖板，周边有围栏；交叉施工有隔离；危险作业设安全围栏或警戒绳，防止他人误入；光缆裁剪过程中要及时清理废弃光纤，防止切割完的纤芯扎入皮肤。

（4）电缆井内工作时，禁止只打开一只井盖（单眼井除外），电缆沟的盖板开启后，应自然通风一段时间，经气体测试合格后方可下井工作。

（5）在电缆沟内敷设光缆时严禁踩踏已敷设的各类线缆，防止损伤其他线缆。

（6）涉及双沟道改造、开挖路面，应离开地下各种管线及设置足够的安全距离。在电缆沟壁上开孔引入时，应对电缆沟内开孔位置的缆线用防护板遮挡隔离，并派专人监护，防止开孔设备对电缆沟内线缆的损害。

（7）所用电动工具使用前应检查电线是否完好，有无接地线，不合格的禁止使用；使用时应按照有关规定接好剩余电流动作保护器（漏电保护器）和接地线。

（8）开启电缆井井盖、电缆沟盖板及电缆隧道人孔盖时应使用专用工具，同时注意所立位置，以免砸伤、坠落，开启后应使用标准路栏围起，并有人看守。作业人员撤离电缆井或隧道后，应立即将井盖盖好。

（9）光缆施工完成后，应将所有穿越过的孔洞进行封堵。

三、光缆接续施工

（一）线路光缆接续施工

风险提示：该类作业安全控制核心是高处作业塔上人员站位、安全带（绳）等防护用品的使用，不执行以下安全管控措施，将导致作业人员高处坠落及高空坠物对地面光缆接续人员造成人身伤害事故。

1. 作业必备条件

（1）施工方案已批准，并完成项目部和班组级交底。

（2）各类人员、安全工器具、施工机械设备、材料等已经报审并批准，满足现场安全技术要求。施工作业前仔细检查现场安全工器具、施工机械，设备合格后方可使用。

（3）登高作业人员必须持有效的特种作业人员操作合格证，报工程监理审核后方可上岗作业。

（4）对作业人员开展危险因素及控制措施、应急处置方案、急救知识培训，提高作业人员风险防范及应急处置能力。

（5）每天上班前开站班会，交任务、交技术、交安全；查衣着、查"三宝"（安全带、安全帽、安全网）、查精神状态。未参加站班会的作业人员不得上岗。

（6）根据施工内容，完成相关工作手续办理。

2. 作业过程安全管控措施

（1）高处作业时应设专责监护人，由专责监护人确认攀登杆塔号是否正确，杆塔接地装置是否良好可靠连接。

（2）高处作业人员必须穿软底防滑鞋，使用全方位防冲击安全带，垂直移动和水平移动均不得失去保护。高处作业执行《国家电网公司电力安全工作规程（电网建设部分）（试行）》（国家电网安质〔2016〕212号）。

（3）用于高处作业的防护设施，不得擅自拆除，确因作业需要临时拆除必须经负责人同意，并在原处采取相应的可靠的防护措施，完成作业后必须立即恢复。

（4）在林区、牧区施工，应遵守当地的防火规定，区域应严禁动火及携带火种进入。

（5）施工作业现场禁止吸烟。

（6）光缆弯曲半径符合要求，不得绞扭，严禁踩踏光缆接头盒、余缆及余缆架；严禁在光缆上堆放重物。

（7）使用光时域反射仪（OTDR）进行光缆纤芯测试时，应先断开被测纤芯对端的电力通信设备和仪表，避免直视光纤端面。

（二）临近带电体光缆接续施工

风险提示：该类作业安全控制核心是人员及设备与带电体安全距离的保证、设备的接地设置。不执行以下安全管控措施，将导致触电，造成人身伤害事故。

1. 作业必备条件

（1）施工方案已批准，并完成项目部和班组级交底。

（2）各类人员、安全工器具、施工机械设备、材料等已经报审并批准，满足现场安全技术要求。施工作业前仔细检查现场安全工器具、施工机械，设备合格后方可使用。

（3）登高作业人员必须持有效的特种作业人员操作合格证，报工程监理审核后方可上岗作业。

（4）对作业人员开展危险因素及控制措施、应急处置方案、急救知识培训，提高作业人员风险防范及应急处置能力。

（5）每天上班前开站班会，交任务、交技术、交安全；查衣着、查"三宝"（安全带、安全帽、安全网）、查精神状态。未参加站班会的作业人员不得上岗。

（6）根据施工内容，完成相关工作手续办理。

2. 作业过程安全管控措施

（1）设专责监护人，负责监护人员及余缆与带电体保持安全距离，监护高处作业。

（2）高处作业人员必须穿软底防滑鞋，使用全方位防冲击安全带，垂直移动和水平移动均不得失去保护。高处作业执行《国家电网公司电力安全工作规程　线路部分》（Q/GDW 1799.2—2013）。

（3）临近带电体作业禁止使用金属梯子。

（4）作业前，应在作业范围内加挂临时工作接地线，装设接地线时，应先接接地端，后接地线端，拆除时的顺序相反。工作完成后拆除临时接地线。

（5）作业人员、牵引绳索和拉线、余缆等必须满足与带电体安全距离规定的要求。

（三）分段绝缘 OPGW 光缆接续施工

风险提示：该类作业安全控制核心是人员及设备与带电体安全距离的保证、设备的接地设置。不执行以下安全管控措施，将导致触电，造成人身伤害事故。

1. 作业必备条件

（1）施工方案已批准，并完成项目部和班组级交底。

（2）各类人员、安全工器具、施工机械设备、材料等已经报审并批准，满足现场安全技术要求。施工作业前仔细检查现场安全工器具、施工机械，设备合格后方可使用。

（3）在分段绝缘 OPGW 上进行的作业分为两种，一种是接地后进行的一般作业，另一种是不接地时进行的带电作业。两种作业均应办理电力线路第二种工作票，作业时应设专责监护人。

（4）根据施工内容，完成相关工作手续办理。

2. 作业过程安全管控措施

（1）采用绝缘 OPGW，应通过导线或地线的换位、选取适当的 OPGW 接地点、设置适当的放电间隙等措施，限制 OPGW 上的静电、电磁感应电压和电流，使正常运行时，接续塔上的引下 OPGW 及与其直接接触的附属金具感应电压不高于 10kV。

（2）对绝缘 OPGW 进行的施工、检修作业应在良好天气下进行，如遇雷电（听见雷声、看见闪电）、雪、雹、雨、雾等，禁止进行作业，风力大于 5 级，或湿度大于 80% 时不宜进行作业。

（3）在绝缘 OPGW 上进行作业时，作业人员应穿全套合格屏蔽服；从事和绝缘 OPGW 无关的登塔作业，作业人员与绝缘 OPGW 之间的距离不应小于 0.4m（1000kV 为 0.6m）。

（4）使用专用接地线应符合如下要求：

1）专用接地线应使用有透明护套的多股软铜线，截面积不准小于 16mm²，且应带有绝缘手柄或绝缘部件。

2）专用接地线应在作业开始前使用，作业结束脱离 OPGW 后拆除。装设时，应先接接地端，后接 OPGW 端，且接触良好，连接可靠。拆除顺序与此相反。专用接地线由作业人员负责自行装、拆。

3）在杆塔或横担接地通道良好的条件下，专用接地线接地端允许接在杆塔或横担上，另一端与验电接地装置连接，如无验电接地装置，应与 OPGW 可靠连接。

（5）同塔双侧绝缘 OPGW 引下部分（含引下缆、余缆架）之间，及其与塔身的间距应满足设计要求。

（四）特殊地形及环境光缆接续施工

风险提示：在雨雪冰冻天气、冬季严寒气候（当室外日平均气温连续 5 天稳定低于 5℃ 且不低于 −15℃ 条件下，到冬季末连续 5 天温度高于 5℃ 止，为冬季施工期）环境条件下施工，其作业安全控制核心是保证人员及设备在寒冷天气下正常施工；在湖泊、沼泽等特殊地形地貌环境下施工，其作业安全控制核心是特殊交通工具使用、施工人员人身安全。不执行以下安全管控措施，将导致人员冰冻伤害、落水事故等。在气温低于 −15℃ 不建议进行施工作业。

1. 作业必备条件

（1）在施工前执行"以人为本，控制风险，预防为主，确保安全"的方针，编制冬季施工或特殊地理环境施工专项方案，并报施工单位审批经审批合格签字确认后方可执行。

（2）低温环境施工时，现场施工人员配备防寒个人劳务用品如防寒鞋、防寒服、冬季安全帽等。熔接机配备备用电池，使用便携式帐篷。

（3）车辆性能保持良好出发前检查刹车装置等是否完好，配备防滑链条等特殊设备，随车配备应急食品、干粮、水等。

（4）湖泊、沼泽等地施工时，要足额配备救生艇、救生衣等物资。

2. 作业过程安全管控措施

（1）在施工现场遇到寒冷、雨雪、潮湿等天气不得使用明火，以免发生山火灾害。在施工现场选择合适的场所避开风口并搭设帐篷。

（2）在潮湿阴冷天气配备便携式浴霸灯、小容量发热装备驱寒（一般的便携式供暖装置有 4h 左右的发热时间足够一个塔位熔接工作）。光纤在潮湿寒冷天气熔接损耗会变大，配备发热装备对熔接损耗有明显的改善作用。

（3）在熔接完成后蹬塔应有竖向攀爬绳和水平移动绳确保人员移动过程中不得失去保护。在铁塔有覆冰情况应先清除铁塔的覆冰层方可上塔。塔上工作人员原则上工作不得超过 1h，须下塔休息。

（4）在湖泊地区施工，若需乘坐船只、橡皮艇、竹筏等，应由有资质、有经验的专业人员驾驶，要按照乘坐人员，足额配备救生衣等物资。施工前，在施工现场交底或召开站班会时，要进行落水人员急救基础只是培训。

（5）若遇强风、暴雨天气，禁止进场施工。雨后应充分评估有关湖泊、水路水位情况，关注有关部门发布的预警信息，确定符合安全要求后方可施工。

第三部分

通信工程施工严重违章清单、违章释义及典型违章示例

为贯彻《国家电网有限公司关于进一步规范和明确反违章工作有关事项的通知》（国家电网安监〔2023〕234号）、《国家电网有限公司作业安全风险管控工作规定》（国家电网企管〔2023〕55号）、《国网安委办关于推进"四个管住"工作的指导意见》（国网安委办〔2020〕23号）、《国家电网公司关于印发生产现场作业"十不干"的通知》（国家电网安质〔2018〕21号）、《国家电网公司电力安全工作规程（电力通信部分）（试行）》（国家电网安质〔2018〕396号文件精神，进一步规范反违章工作开展，提升工作质效，守牢人身"零死亡"防线，参照基建变电、线路以及电力通信典型违章库，结合通信工程特点，梳理形成通信工程施工严重违章清单及释义，并辅以典型违章示例，便于相关单位对照检查。

一、管理违章

（1）无日计划作业，或实际作业内容与日计划不符。

违章定级：Ⅰ类严重违章。

违章释义：

a. 日作业计划（含临时计划、抢修计划）未录入安全生产风险管控平台。

b. 安全生产风险管控平台中日计划取消后，实际作业未取消。

c. 现场作业超出安全生产风险管控平台中作业计划范围。

典型违章示例：

a. 电力通信工程现场作业无日计划，或日作业计划未录入安全生产风险管控平台。

b. 电力通信工程现场作业超出安全生产风险管控平台中作业计划范围，或录入安全生产风险管控平台的日计划取消后，实际作业未取消。

（2）存在重大事故隐患而不排除，冒险组织作业；存在重大事故隐患被要求停止施工、停止使用有关设备、设施、场所或者立即采取排除危险的整改措施，而未执行的。

违章定级：Ⅰ类严重违章。

违章释义：

a. 作业现场存在《国家电网有限公司重大、较大安全隐患排查清单》所列重大安全隐患而不排除，冒险组织作业。

b. 作业现场存在重大事故隐患被政府安全监管部门要求停止施工、停止使用有关设备、设施、场所或者立即采取排除危险的整改措施，而未执行的。

典型违章示例：

a. 安全带、安全绳出现严重磨损，登高作业时存在断裂隐患，光缆熔接施工人员冒险登塔开展光缆熔接作业。

b. 光缆熔接施工人员登高作业使用严重磨损的安全带、安全绳被要求停止施工，停止使用或者立即采取排除危险的整改措施，而未执行的。

（3）建设单位将工程发包给个人或不具有相应资质的单位。

违章定级：Ⅰ类严重违章。

违章释义：

a. 建设单位将工程发包给自然人。

b. 分包单位不具备有效的（虚假、收缴或吊销）营业执照和法人代表资格书，不具备建设主管部门和电力监管部门颁发的有效的（超资质许可范围，业务资质虚假、注销或撤销）业务资质证书，不具备有效的（冒用或者伪造、超许可范围、超有效期）安全资质证书（安全生产许可证）。

c. 建设单位将工程发包给列入负面清单、黑名单或限制参与投标的单位。

典型违章示例：

a. 建设单位将通信施工发包给不满足招标资质要求的单位。

b. 建设单位将通信施工发包给某施工单位，该单位已被列入为国家电网有限公司负面清单或黑名单。

（4）使用达到报废标准的或超出检验期的安全工器具。

违章定级：Ⅰ类严重违章。

违章释义：使用的个体防护装备、绝缘安全工器具、登高工器具等专用工具和器具存在以下问题。

a. 外观检查明显损坏或零部件缺失影响工器具防护功能。

b. 超过有效使用期限。

c. 试验或检验结果不符合国家或行业标准。

d. 超出检验周期或检验时间涂改、无法辨认。

e. 无有效检验合格证或检验报告。

典型违章示例：

a. 光缆熔接施工登高作业所使用的安全带、安全绳出现严重磨损，或超出检验周期、缺少有效检验合格证、检验合格证无法辨认等。

b. 安全帽超出 30 个月有效使用期限、生产日期无法辨认或有明显破损。

（5）工作负责人（作业负责人、专责监护人）不在现场，或劳务分包人员担任工作负责人（作业负责人）。

违章定级：Ⅰ类严重违章。

违章释义：

a. 工作负责人（作业负责人、专责监护人）未到现场。

b. 工作负责人（作业负责人）暂时离开作业现场时，指定能胜任的人员临时代替。

c. 工作负责人（作业负责人）长时间离开作业现场时，未由原工作票签发人变更工作负责人。

d. 专责监护人临时离开作业现场时，未通知被监护人员停止作业或离开作业现场。

e. 专责监护人长时间离开作业现场时，未由工作负责人变更专责监护人。

f. 劳务分包人员担任工作负责人（作业负责人）。

典型违章示例：

a. 通信作业，工作负责人因故暂时离开工作现场，作业人员继续施工作业。

b. 在运站点新建通信机房施工，由劳务分包人员担任工作负责人。

（6）未及时传达学习国家、公司安全工作部署，未及时开展公司系统安全事故（事件）通报学习、安全日活动等。

违章定级：Ⅱ类严重违章。

违章释义：

a. 未通过理论中心组、党组（委）会、安委会或工作例会等形式按要求时限传达学习国家、公司安全生产重要会议、安全专项行动等工作部署。

b. 未按要求时限开展公司系统安全事故（事件）通报学习、专题安全日活动等。

典型违章示例：

a. 施工、监理单位未及时传达国网公司关于安全生产相关会议精神，或未落实国网信通公司安全日活动相关要求。

b. 施工、监理单位未组织学习公司系统相关事故通报、反违章工作通报。

c. 组织文件传达或学习活动，未形成有效记录的。

（7）安全生产巡查通报的问题未组织整改或整改不到位的。

违章定级：Ⅱ类严重违章。

违章释义：

a. 被巡查单位收到巡查报告后，未制定整改措施、明确工作责任、任务分工、完成时限。

b. 巡查通报的问题未按要求整改到位。

典型违章示例：

a. 通信施工、监理单位收到巡查报告后，未制定整改措施，未明确工作责任、任务分工、完成时限。

b. 巡查通报的问题，通信施工、监理单位未按要求整改到位。

（8）针对公司通报的安全事故事件、要求开展的隐患排查，未举一反三组织排查；未建立隐患排查标准，分层分级组织排查的。

违章定级：Ⅱ类严重违章。

违章释义：

a. 针对公司通报的安全事故、事件暴露的典型问题和家族性隐患未举一反三组织排查。

b. 省公司级单位未分级分类建立隐患排查标准，未明确隐患排查内容、排查方法和判定依据。

c. 未在每年 6 月底前组织开展一次涵盖安全生产各

领域、各专业、各环节的安全隐患全面排查。

典型违章示例：略。

（9）承包单位将其承包的全部工程转给其他单位或个人施工；承包单位将其承包的全部工程肢解以后，以分包的名义分别转给其他单位或个人施工。

违章定级：Ⅱ类严重违章。

违章释义：

a. 承包单位将其承包的全部工程转给其他单位（包括母公司承接建筑工程后将所承接工程交由具有独立法人资格的子公司施工）或个人施工。

b. 承包单位将其承包的全部工程肢解以后，以分包的名义分别转给其他单位或个人施工。

典型违章示例：承包单位将其承接工程的全部内容，交由自己下属公司承担。

（10）施工总承包单位或专业承包单位未派驻项目负责人、技术负责人、质量管理负责人、安全管理负责人等主要管理人员；合同约定由承包单位负责采购的主要建筑材料、构配件及工程设备或租赁的施工机械设备，由其他单位或个人采购、租赁。

违章定级：Ⅱ类严重违章。

违章释义：

a. 施工总承包单位或专业承包单位未派驻项目负责人、技术负责人、质量管理负责人、安全管理负责人等主要管理人员。

b. 施工总承包单位或专业承包单位派驻的上述主要管理人员未与施工单位订立劳动合同，且没有建立劳动工资和社会养老保险关系。

c. 施工总承包单位或专业承包单位派驻的项目负责人未按照《施工项目部标准化管理手册》要求对工程的施工活动进行组织管理，又不能进行合理解释并提供相应证明。

d. 合同约定由承包单位负责采购的主要建筑材料、构配件及工程设备或租赁的施工机械设备，由其他单位或个人采购、租赁。

典型违章示例：

a. 通信设备安装项目负责人，未与施工单位订立劳动合同。

b. 光缆熔接、通信设备安装施工单位，未派驻项目负责人等主要管理人员。

c. 乙供材的通信设备、材料采购方不是承包单位本身。

（11）没有资质的单位或个人借用其他施工单位的资质承揽工程；有资质的施工单位相互借用资质承揽工程。

违章定级：Ⅱ类严重违章。

违章释义：

a. 没有资质的单位或个人借用其他施工单位的资质承揽工程。

b. 有资质的施工单位相互借用资质承揽工程的，包括资质等级低的借用资质等级高的、资质等级高的借用资质等级低的、相同资质等级相互借用等。

典型违章示例：个人或组织借用、冒用其他施工单位资质承揽工程，主要表现在具体施工人员与承包单位之间无劳动关系，无社保证明等。

（12）特高压换流站工程启动调试阶段，建设、施工、运维等单位责任界面不清晰，设备主人不明确，预试、交接、验收等环节工作未履行。

违章定级：Ⅱ类严重违章。

违章释义：

a. 特高压换流站工程启动调试阶段，建设、施工、运维等单位未按照《特高压换流站工程现场安全管理职责分工》要求明确责任界面。

b. 设备主人未按照工程移交流程进行明确。

c. 建设、施工、运维等单位未履行预试、交接、验收等环节工作责任。

典型违章示例：特高压换流站工程启动调试阶段，通信工程建设、施工、运维等单位未按照工程移交流程进行建转运移交，未签署设备移交清单或相关通信设备未进行网管验收。

（13）承包单位将其承包的工程分包给个人；施工总承包单位或专业承包单位将工程分包给不具备相应资质单位。

违章定级：Ⅲ类严重违章。

违章释义：

a. 承包单位与不具备法人代表或授权委托人资质的自然人签订分包合同。

b. 与承包单位签订分包合同的授权委托人无法提供与分包单位签订的劳动合同、未建立劳动工资和社会养老保险关系。

c. 施工总承包单位或专业承包单位将工程分包给不具备相应资质单位（含超资质许可范围）。

典型违章示例：略。

（14）施工总承包单位将施工总承包合同范围内工程主体结构的施工分包给其他单位；专业分包单位将其承包的专业工程中非劳务作业部分再分包；劳务分包单位将其承包的劳务再分包。

违章定级：Ⅲ类严重违章。

违章释义：

a. 施工总承包单位将施工总承包合同范围内的工程主体结构（钢结构工程除外）的施工分包给其他单位。

b. 施工总承包单位将组塔架线、电气安装等主体工程和关键性工作分包给其他单位。

c. 专业分包单位将其承包的专业工程中非劳务作业部分再分包。

d. 劳务分包单位将其承包的劳务再分包。

典型违章示例：

a. 通信施工单位将其承包的光缆熔接、设备安装等施工内容转包给其他单位。

b. 劳务分包单位将其承包的劳务再分包。

（15）承发包双方未依法签订安全协议，未明确双方应承担的安全责任。

违章定级：Ⅲ类严重违章。

违章释义：略。

典型违章示例：略。

（16）将高风险作业定级为低风险。

违章定级：Ⅲ类严重违章。

违章释义：三级及以上作业风险定级低于实际风险等级。

典型违章示例：施工单位未按本细则中附则4所列风

险定级，将三级及以上作业风险定级低于实际风险等级。

（17）现场作业人员未经安全准入考试并合格；新进、转岗和离岗 3 个月以上电气作业人员，未经专门安全教育培训，并经考试合格上岗。

违章定级：Ⅲ类严重违章。

违章释义：

a. 现场作业人员在安全生产风险管控平台中，无有效期内的准入合格记录。

b. 新进、转岗和离岗 3 个月以上电气作业人员，未经安全教育培训，并经考试合格上岗。

典型违章示例：

a. 通信施工人员安全准入已过期，未及时办理重新准入手续。

b. 新进、转岗和离岗 3 个月以上电气作业人员，未经安全教育培训，并经考试合格上岗。

（18）不具备"三种人"资格的人员担任工作票签发人、工作负责人或许可人。

违章定级：Ⅲ类严重违章。

违章释义：地市级或县级单位未每年对工作票签发人、工作负责人、工作许可人进行培训考试，合格后书面公布"三种人"名单。

典型违章示例：设备安装、光缆熔接、系统联调施工人员未在"三种人"考试人员名单里面。

（19）特种设备作业人员、特种作业人员、危险化学品从业人员未依法取得资格证书。

违章定级：Ⅲ类严重违章。

违章释义：

a. 涉及生命安全、危险性较大的锅炉、压力容器（含气瓶）、压力管道、电梯、起重机械、客运索道和场（厂）内专用机动车辆等特种设备作业人员，未依据《特种设备作业人员监督管理办法》（国家质量监督检验检疫总局令第 140 号）从特种设备安全监督管理部门取得特种作业人员证书。

b. 高（低）压电工、焊接与热切割作业、高处作业、危险化学品安全作业等特种作业人员，未依据《特种作业人员安全技术培训考核管理规定》（国家安全生产监督管理总局令第 30 号）从应急、住建等部门取得特种作业操作资格证书。

c. 特种设备作业人员、特种作业人员、危险化学品从业人员资格证书未按期复审。

典型违章示例：

a. 在距坠落高度基准面 2m 及以上有可能坠落的高处作业时，作业人员未取得登高作业证书。

b. 通信电源交直流配电屏更换时，作业人员未取得高（低）压电工证。

c. 在通信机房内进行动火、焊接及热切割作业时，作业人员未取得相关证书。

（20）特种设备未依法取得使用登记证书、未经定期检验或检验不合格。

违章定级：Ⅲ类严重违章。

违章释义：

a. 特种设备使用单位未向特种设备安全监督管理部门办理使用登记，未取得使用登记证书。

b. 特种设备超期未检验或检验不合格。

典型违章示例：

a. 施工单位将没有检验合格证的焊接用气瓶带入施工现场。

b. 施工单位自有、租用的起重机械进入施工现场时，没有检验合格证。

（21）劳务分包单位自备施工机械设备或安全工器具。

违章定级：Ⅲ类严重违章。

违章释义：

a. 劳务分包单位自备施工机械设备或安全工器具。

b. 施工机械设备、安全工器具的采购、租赁或送检单位为劳务分包单位。

c. 合同约定由劳务分包单位提供施工机械设备或安全工器具。

典型违章示例：

a. 光缆熔接施工登高作业所使用的安全带、安全绳、安全帽由劳务分包单位自备。

b. 通信设备安装施工所使用的安全帽、安全围栏、工器具等由劳务分包单位自备。

（22）施工方案由劳务分包单位编制。

违章定级：Ⅲ类严重违章。

违章释义：施工方案仅由劳务分包单位或劳务分包单位人员编制。

典型违章示例：略。

（23）监理单位、监理项目部、监理人员不履责。

违章定级：Ⅲ类严重违章。

违章释义：

a. 监理单位及监理人员未执行《建设工程安全生产管理条例》第十四条的规定，现场存在违章应发现而未发现，有违章不制止、不报告、不记录。

b. 未按《国家电网有限公司施工项目部标准化管理手册》要求，填报、审查、批准和查阅施工策划文件、开（复）

工及施工进度计划、关键管理人员、特种作业人员、特种设备、施工机械、工器具、安全防护用品、工程材料等相关工程文件及报审（检查）记录。

c. 未对以下作业现场进行旁站监理：① 三级及以上作业风险；② 用电布设和接火、水上或索道架设、运输，脚手架搭设和拆除、深基坑、高边坡开挖等高风险土建施工、邻电作业；③ 危险性大的立杆组塔、"三跨"作业；④ 危险性大的架线施工、邻电起重、多台同吊、构架及管母等大型设备吊装；⑤ 变压器、电抗器安装；⑥ 重要一次设备耐压试验；⑦ 改扩建工程一、二次设备安装试验；⑧ 新技术、新工艺、新材料、新装备；⑨ 尚无相关技术标准的危险性较大的分部分项工程等作业点位。

典型违章示例：

a. 通信电源改造工作监理单位未进行旁站监理。

b. 监理人员未按规定对 OPGW 光缆施工现场发现的违章情况进行制止、报告和记录。

c. 监理人员未按本规范要求在通信工程施工安全作业票中签字。

（24）监理人员未经安全准入考试并合格；监理项目部关键岗位（总监代表、安全监理、专业监理等）人员不具备相应资格；总监理工程师兼任工程数量超出规定允许数量。

违章定级：Ⅲ类严重违章。

违章释义：

a. 监理单位和人员未通过安全生产风险管控平台准入。

b. 监理项目部关键岗位（总监、总监代表、安全监理、专业监理等）人员不具备《国家电网有限公司监理项目部标准化管理手册》规定的相应资格。

c. 总监理工程师兼任多个特高压工程或兼任工程总数超过 3 个。

d. 总监理工程师兼任 2～3 个非特高压变电工程或总长未超过 50km 的非特高压输电线路工程或配电网工程项目部总监，未经建设管理单位书面同意。

典型违章示例：监理单位总监理工程师超出招标及合同约定的允许同时兼任的工程数量。

（25）安全风险管控平台上的作业开工状态与实际不符；作业现场未布设与安全风险管控平台作业计划绑定的视频监控设备，或视频监控设备未开机、未拍摄现场作业内容。

违章定级：Ⅲ类严重违章。

违章释义：略。

典型违章示例：略。

（26）领导干部和专业管理人员未履行到岗到位职责，相关人员应到位而不到位、应把关而不把关、到位后现场仍存在严重违章。

违章定级：Ⅲ类严重违章。

违章释义：

a. 领导干部和专业管理人员未按以下要求到岗到位：① 一级风险作业，相关地市公司级单位或建设管理单位副总师及以上领导应到岗到位，省公司级单位专业管理部门应到岗到位；② 二、三级风险作业，相关地市公司级单位或建设管理单位专业管理部门负责人或管理人员、县公司级单位负责人应到岗到位；③ 四、五级风险作业，县公司级单位专业部门管理人员或相关班组（供电所）负责人应到岗到位。

b. 领导干部和专业管理人员未履责把关，到位后现场仍存在严重违章等情况。

典型违章示例：

a. 通信电源改造作业现场，建设单位部门负责人未按要求到岗到位。

b. 通信电源改造作业现场，建设单位部门负责人到岗到位后现场仍被查出超范围作业。

二、行 为 违 章

（1）未经工作许可（包括在客户侧工作时，未获客户许可），即开始工作。

违章定级：I类严重违章。

违章释义：

a. 公司系统电网生产作业未经调度管理部门或设备运维管理单位许可，擅自开始工作。

b. 在用户管理的变电站或其他设备上工作时未经用户许可，擅自开始工作。

典型违章示例：

a. 施工现场人员未经工作许可，擅自在运设备上开展相关施工工作。

b. 通信设备安装施工人员在在运站点（包括用户站点）未经值班调控人员指挥，擅自拔出在运设备板卡。

c. 网管操作人员未经相关业务部门同意，擅自转移、停用相关业务。

（2）无票（包括作业票、工作票及分票、操作票、动火票等）工作、无令操作。

违章定级：Ⅰ类严重违章。

违章释义：

a. 在运行中电气设备上及相关场所的工作，未按照《国家电网公司电力安全工作规程》规定使用工作票、事故紧急抢修单。

b. 未按照《国家电网公司电力安全工作规程》规定使用施工作业票。

c. 未根据值班调控人员、运维负责人正式发布的指令进行倒闸操作。

d. 在油罐区、注油设备、电缆间、计算机房、换流站阀厅等防火重点部位（场所）以及政府部门、本单位划定的禁止明火区动火作业时，未使用动火票。

典型违章示例：

a. 在通信运行设备及相关场所工作，未按规定使用工作票。

b. 在新建通信机房施工及光缆接续现场施工，未办理通信工程施工安全作业票。

c. 施工内容超过工作票范围。

（3）作业人员不清楚工作任务、危险点。

违章定级：Ⅰ类严重违章。

违章释义：

a. 工作负责人（作业负责人）不了解现场所有的工作内容，不掌握危险点及安全防控措施。

b. 专责监护人不掌握监护范围内的工作内容、危险点及安全防控措施。

c. 作业人员不熟悉本人参与的工作内容，不掌握危险点及安全防控措施。

d. 工作前未组织安全交底、未召开班前会（站班会）。

典型违章示例：

a. 在井道、电缆沟等有限空间作业时，工作负责人不掌握"先通风、再检测、后作业"的原则。

b. 工作负责人未组织安全交底、未召开班前会或交底、班前会没有向施工人员讲明工作内容、危险点、安全防控措施便指挥工作班成员进行通信电源改造作业。

c. 安全交底、班前会没有形成全体人员签字的记录文件。

（4）超出作业范围未经审批。

违章定级：Ⅰ类严重违章。

违章释义：

a. 在原工作票的停电及安全措施范围内增加工作任务时，未征得工作票签发人和工作许可人同意，未在工作票上增填工作项目。

b. 原工作票增加工作任务需变更或增设安全措施时，未重新办理新的工作票，并履行签发、许可手续。

典型违章示例：

a. 工作负责人在传输设备检修作业时，需新增敷设一条尾缆，未征得工作票签发人和工作许可人同意并履行工作票变更流程便开展工作。

b. 工作负责人在传输设备检修作业时，需新增通信电源检修任务，征得工作票签发人和工作许可人同意，但未重新办理新的工作票。

（5）高处作业、攀登或转移作业位置时失去保护。

违章定级：Ⅰ类严重违章。

违章释义：

a. 高处作业未搭设脚手架、使用高空作业车、升降平台或采取其他防止坠落措施。

b. 在没有脚手架或者在没有栏杆的脚手架上工作，高度超过 1.5m 时，未用安全带或采取其他可靠的安全措施。

c. 在屋顶及其他危险的边沿工作，临空一面未装设安全网或防护栏杆或作业人员未使用安全带。

d. 杆塔上水平转移时未使用水平绳或设置临时扶手，垂直转移时未使用速差自控器或安全自锁器等装置。

典型违章示例：

a. 在运站新建通信机房时，施工现场人员在高度超过

1.5m 脚手架上工作时，未使用安全带。

b. 光缆熔接施工时，高处作业人员上、下杆塔时，未使用速差保护器或安全自锁器。

c. 光缆熔接时，高处作业人员在一级平台水平移动时，未使用安全带或水平绳，或未使用安全带的双钩进行水平移位。

d. 高处作业时，高处作业人员违反"高挂低""一步一挂"等安全要求。

（6）有限空间作业未执行"先通风、再检测、后作业"要求；未正确设置监护人；未配置或不正确使用安全防护装备、应急救援装备。

违章定级：Ⅰ类严重违章。

违章释义：

a. 有限空间作业前未通风或气体检测浓度高于《国家电网有限公司有限空间作业安全工作规定》附录7的要求。

b. 有限空间作业未在入口设置监护人或监护人擅离职守。

c. 未根据有限空间作业的特点和应急预案、现场处置方案，配备使用气体检测仪、呼吸器、通风机等安全防护装备和应急救援装备；当作业现场无法通过目视、喊话等方式进行沟通时，未配备对讲机；在可能进入有害环境时，未配备满足作业安全要求的隔绝式或过滤式呼吸防护用品。

典型违章示例：

a. 施工人员在封闭式沟道、管井等有限空间敷设光缆，作业前未通风或气体检测浓度高于《国家电网有限公司有限空间作业安全工作规定》附录7的要求。

b. 施工人员在封闭式沟道、管井等有限空间敷设光缆，未在入口设置监护人或监护人擅离职守。

c. 未根据作业现场特点，配备使用气体检测仪、呼吸器、通风机、对讲机、隔绝式或过滤式呼吸等安全防护装备和应急救援装备。

（7）乘坐船舶或水上作业超载，或不使用救生装备。

违章定级：Ⅱ类严重违章。

违章释义：

a. 船舶未根据船只载重量及平衡程度装载，超载、超员。

b. 水上作业或乘坐船舶时，未全员配备、使用救生装备。

典型违章示例：略。

（8）在带电设备周围使用钢卷尺、金属梯等禁止使用的工器具。

违章定级：Ⅱ类严重违章。

违章释义：

a. 在带电设备周围使用钢卷尺、皮卷尺和线尺（夹有金属丝者）进行测量工作。

b. 在变、配电站（开关站）的带电区域内或临近带电设备处，使用金属梯子、金属脚手架等。

违章示例：

a. 在通信机房进行设备安装施工时，施工人员在带电设备周围使用钢卷尺进行测量工作。

b. 通信施工人员在变电站、配电站（开关站）的带电区域内进行电缆沟开挖等土建施工时，使用金属梯子、金属脚手架等工具。

（9）作业人员擅自穿、跨越安全围栏、安全警戒线。

违章定级：Ⅲ类严重违章。

违章释义：作业人员擅自穿、跨越隔离检修设备与运行设备的遮栏（围栏）、高压试验现场围栏（安全警戒线）、人工挖孔基础作业孔口围栏等。

典型违章示例：

a. 通信施工人员开展通信电源改造时跨越隔离检修设备与运行设备的遮拦（围栏），擅自进入运行区域。

b. 通信施工人员擅自穿越高压试验现场安全警戒线进入施工现场。

88

（10）在易燃易爆或禁火区域携带火种、使用明火、吸烟。

违章定级：Ⅲ类严重违章。

违章释义：在存有易燃易爆危险化学品（汽油、乙醇、乙炔、液化气体、爆破用雷管等《危险货物品名表》《危险化学品名录》所列易燃易爆品）的区域和地方政府划定的森林草原防火区及森林草原防火期，地方政府划定的禁火区及禁火期、含油设备周边等禁火区域携带火种、使用明火、吸烟或动火作业。

典型违章示例：光缆熔接施工人员在地方政府划定的森林草原防火区或森林草原防火期携带火种、使用明火取暖、吸烟或动火作业。

（11）生产和施工场所未按规定配备消防器材或配备不合格的消防器材。

违章定级：Ⅲ类严重违章。

违章释义：调度室、变压器等充油设备、电缆间及电缆通道、开关室、电容器室、控制室、集控室、计算机房、数据中心机房、通信机房、换流站阀厅、电子设备间、蓄电池室（铅酸）、档案室、油处理室、易燃易爆物品存放场所、森林防火区以及各单位认定的其他生产和施工场所未按《电力设备典型消防规程》（DL 5027—2015）、《建筑灭火器配置设计规范》（GB 50140—2005）等要求配备消防器材或配备不合格的消防器材。

典型违章示例：通信施工人员在通信机房、蓄电池室（铅酸）、电缆间及电缆通道、森林防火区等施工场所作业，未按规定配备消防器材或配备不合格的消防器材。

（12）未按规定开展现场勘察或未留存勘察记录；工作票（作业票）签发人和工作负责人均未参加现场踏勘。

违章定级：Ⅲ类严重违章。

违章释义：

a.《国家电网有限公司作业安全风险管控工作规定》"需要现场勘察的典型作业项目"未组织现场勘察或未留存勘察记录。

b. 输变电工程三级及以上风险作业前，未开展作业风险现场复测或未留存勘察记录。

c. 工作票（作业票）签发人、工作负责人均未参加现场勘察。

d. 现场勘察记录缺少与作业相关的临近带电体、交叉跨越、周边环境、地形地貌、土质、临边等安全风险。

典型违章示例：

a. 在调度室、通信机房等二级动火区域开展动火作业，未开展现场勘察。

b. 随一次电力线路/电缆敷（架）设的光缆敷设、更换、故障消缺作业，现场勘查遗漏安全风险。

c. 组织现场勘察，未形成有效记录的。

（13）脚手架、跨越架未经验收合格即投入使用。

违章定级：Ⅲ类严重违章。

违章释义：脚手架、跨越架搭设后未经使用单位（施工项目部）、监理单位验收合格，未挂验收牌，即投入使用。

典型违章示例：在运站新建通信机房时，施工现场人员使用未经验收的脚手架。

（14）三级及以上风险作业管理人员（含监理人员）未到岗到位进行管控。

违章定级：Ⅱ类严重违章。

违章释义：

a. 一级风险作业，相关地市公司级单位或建设管理单位副总师及以上领导未到岗到位；省公司级单位专业管理部门未到岗到位。

b. 二、三级风险作业相关地市公司级单位或建设管理单位专业管理部门负责人或管理人员、县公司级单位负责人未到岗到位。

c. 三级风险作业，监理未全程旁站；二级及以上风险作业，项目总监或安全监理未全程旁站。

典型违章示例：未按本细则附则 2 到岗到位要求开展

现场工作。

（15）电力监控系统作业过程中，未经授权，接入非专用调试设备，或调试计算机接入外网。

违章定级：Ⅲ类严重违章。

违章释义：

a. 电力监控系统作业开始前，未对作业人员进行身份鉴别和授权。

b. 电力监控系统上工作未使用专用的调试计算机及移动存储介质。

c. 调试计算机未与外网隔断、接入外网。

典型违章示例：

a. 调试人员为图便利，使用私人计算机接入电力监控系统进行调试。

b. 调试人员对电力监控系统进行调试时，因需要查询资料，自行将调试计算机接入 5G 公网。

c. 未使用专用系统调试终端或调试终端未按要求安装安全软件。

（16）票面缺少工作负责人、工作班成员签字等关键内容。

违章定级：Ⅲ类严重违章。

违章释义：

a. 需要变更工作班成员时，应经工作负责人同意，在对新的作业人员履行安全交底手续后，方可参与工作。

b. 工作负责人一般不得变更，如确需变更的，应由原工作票签发人同意并通知工作许可人。原工作负责人、现工作负责人应对工作任务和安全措施进行交接，并告知全体工作班成员。人员变动情况应记录在电力通信工作票备注栏中。

c. 不需填用电力通信工作票的通信工作，应使用其他书面记录或按口头、电话命令执行。

典型违章示例：

a. 工作班成员变更后，未对新的作业人员履行安全交底手续，人员变更情况未在票面备注栏中记录。

b. 工作负责人变更后，缺少交接记录，或未在电力通信工作票备注栏中记录人员变动情况。

（17）约时开始或终结工作。

违章定级：一般违章。

违章释义：禁止约时开始或终结工作。

典型违章示例：略。

（18）工作结束后，未进行运行方式检查、状态确认和功能检查，即办理工作终结手续。

违章定级：一般违章。

违章释义：工作结束后，工作负责人应向工作许可人交待工作内容、发现的问题和存在问题等。并与工作许可人进行运行方式检查、状态确认和功能检查，各项检查均正常方可办理工作终结手续。

典型违章示例：

a. 工作负责人办理工作终结手续前，未检查运行方式、设备状态等。

b. 工作终结时，发现异常情况未及时向工作许可人确认。

（19）工作许可人未确认工作票所列的安全措施已全部完成，即发出许可工作的命令。

违章定级：一般违章。

违章释义：工作许可人应在电力通信工作票所列的安全措施全部完成后，方可发出许可工作的命令。

典型违章示例：

a. 采用电话许可，许可人未询问现场安全措施落实情况，即及许可工作。

b. 现场许可时，未逐项检查工作票所列安全措施落实情况。

（20）同一张工作票，工作许可人与工作负责人互相兼任。

违章定级：一般违章。

违章释义：一张电力通信工作票中，工作许可人与工作负责人不得互相兼任。

典型违章示例：略。

（21）一个工作负责人同时执行多张电力通信工作票。

违章定级：一般违章。

违章释义：一个工作负责人不能同时执行多张电力通信工作票。

典型违章示例：一个工作负责人，在其所担任负责人的工作未结票前，承担另一项工作。

（22）开展影响继电保护等重要安全生产业务通道的检修工作时，未经相关业务部门同意即许可工作。

违章定级：一般违章。

违章释义：

a. 同时办理电网和通信检修申请的工作，检修施工单位应在得到电网调度和通信调度"双许可"后，方可开展检修工作。

b. 检修工作需其他调度机构或运行单位配合布置安全措施时，工作许可人应向该调度机构或运行单位的值班人员确认相关安全措施已完成后，方可许可工作。

c. 应确认可停用的业务已经过相关业务部门的同意。

典型违章示例：

a. 开展影响继电保护等重要安全生产业务通道的检修工作时，未同时办理电网和通信检修申请，或审批流程未经电网调度和通信调度"双许可"后，方可开展检修工作。

b. 检修工作需其他调度机构或运行单位配合布置安全措施时，工作许可人未向该调度机构或运行单位的值班人员确认相关安全措施已完成，便许可工作。

（23）光缆作业过程中将井、坑、孔洞或沟道等盖板取下后，未设临时围栏或采取其他安全措施。

违章定级：一般违章。

违章释义：进行电力通信光缆接续工作时，工作场所周围应装设遮栏（围栏、围网）、标示牌，必要时派人看管。因工作需要必须短时移动或拆除遮栏（围栏、围网）、标示牌时，应征得工作负责人和许可人同意，完毕后应立即恢复。

典型违章示例：导引光缆施工时，打开电缆沟盖板，工作场所未设置围栏、围网、标示牌。

（24）踩踏光缆接续盒、余缆及余缆架，或在光缆上堆放重物。

违章定级：一般违章。

违章释义：严禁踩踏光缆接头盒、余缆及余缆架；严禁在光缆上堆放重物。

典型违章示例：

a. 在光缆接头盒上堆放重物，导致接头盒变形，影响密封效果。

b. 在余缆架上堆放重物，导致余缆架变形。

c. 光缆接续施工过程中，施工人员多次踩踏余缆，并且展放落地的余缆受到重物挤压变形。

（25）使用光时域反射仪（OTDR）进行光缆纤芯测试时，未断开对端通信设备或仪表。在插拔拉曼放大器尾纤时，未先关闭泵浦激光器。

违章定级：一般违章。

违章释义：

a. 使用光时域反射仪（OTDR）进行光缆纤芯测试时，应先断开被测纤芯对端的电力通信设备和仪表。

b. 在通信设备检修或故障处理中，应严格按照通信设备和仪表使用手册进行操作，避免误操作或对通信设备及人员造成损伤。

c. 在采用光时域反射仪测试光纤时，必须提前断开对端通信设备；在插拔拉曼放大器尾纤时，应先关闭泵浦激光器。

典型违章示例：

a. 光缆衰耗测试时，未确认对端是否与设备或仪表连链接，便进行测试。

b. 调试时，未关闭泵浦激光器，即插拔或更换尾纤。

（26）新增负载前，未核查电源负载能力。

违章定级：一般违章。

违章释义：新增负载前，应核查电源负载能力，并确保各级开关容量匹配。

典型违章示例：

a. 设备扩容施工时，未考虑新增设备或板卡功耗，导致原有设备空气开关容量超出额定值。

b. 新装设备电源接线时，未逐级核实各级空气开关容量及线缆截面是否匹配。

（27）双路交流输入切换试验前，未验证两路交流输入、蓄电池组和连接蓄电池组的直流接触器工作正常。

违章定级：一般违章。

违章释义：双路交流输入切换试验前，应验证两路交流输入、蓄电池组和连接蓄电池组的直流接触器正常工作，并做好试验过程监视。

典型违章示例：电源改造施工时，新增电源设备双路交流输入切换实验时，未验证两路交流输入、蓄电池组和连接蓄电池组的直流接触器正常工作。

（28）裸露电缆线头未做绝缘处理，或使用未经绝缘处理的工器具进行电源系统相关操作。

违章定级：一般违章。

违章释义：

a. 现场使用的仪器仪表、工器具等应符合有关安全要求。

b. 裸露电缆线头应做绝缘处理。

c. 安装或拆除蓄电池连接铜排或线缆时，应使用经绝缘处理的工器具，严禁将蓄电池正负极短接。

典型违章示例：

a. 使用的绝缘工器具未经检查，绝缘表皮破损。

b. 电源接线时，未完成的电源线金属部分裸露，未做绝缘处理。

c. 进行电源系统相关施工的工器具未做绝缘处理。

（29）直流电缆接线前、蓄电池组接入电源时或设备通电前，未校验极性及电压。

违章定级：一般违章。

违章释义：

a. 设备通电前，应验证供电线缆极性和输入电压。

b. 直流电缆接线前，应校验线缆两端极性。

c. 蓄电池组接入电源时，应检查电池极性，并确认蓄电池组电压与整流器输出电压匹配。

典型违章示例：

a. 直流电缆接线前未验证电缆极性。

b. 未按照电源线颜色区分要求使用电源线。

c. 设备上电前，未检测电源电压。

（30）直流开关或熔断器未断开前，断开蓄电池之间的连接，或拆接负载电缆前，未断开电源的输出开关。

违章定级：一般违章。

违章释义：

a. 拆接负载电缆前，应断开电源的输出开关。

b. 直流开关或熔断器未断开前，不得断开蓄电池之间的连接。

典型违章示例：通信电源改造施工时，直流开关或熔断器未断开前，断开蓄电池之间的连接。

（31）电源设备断电检修前，未先确认负荷已经转移或关闭。

违章定级：一般违章。

违章释义：电源设备断电检修前，应确认负载已转移或关闭。

典型违章示例：通信电源改造施工时，断开电源前，未逐项检查该电源所带负载已转移或关闭。

（32）插拔设备板卡时，未做好防静电措施。

违章定级：一般违章。

违章释义：拔插设备板卡时，应做好防静电措施；存放设备板卡宜采用防静电屏蔽袋、防静电吸塑盒等防静电包装。

典型违章示例：

a. 插拔设备板卡时，未戴防静电手环。

b. 防静电手环佩戴不规范，或手环与设备间连接线接触不良、断开等。

（33）在更换存储有运行数据的板件时，未提前备份运行数据。

违章定级：一般违章。

违章释义：在更换存储有运行数据的板件时，应先备份运行数据。

典型违章示例：运行设备升级施工前，未备份运行数据，或未制定应急回退方案。

（34）使用尾纤自环光口，发光功率过大时，未串入合适的衰耗（减）器。

违章定级：一般违章。

违章释义：使用尾纤自环光口，发光功率过大时，应串入合适的衰耗（减）器。

典型违章示例：光路调试过程中，使用衰耗器规格不符合要求，或串接使用多个衰耗器。

（35）擅自改变电力通信系统或机房动力环境设备的运行状态，或擅自更改、清除电力通信系统或机房动力环境告警信息。

违章定级：一般违章。

违章释义：

a. 巡视时不得改变运行状态。发现异常问题，应及时报告电力通信运维单位（部门）；非紧急情况的异常问题处理，应获得电力通信运维单位（部门）批准。

b. 巡视时未经许可，不得更改、清除电力通信系统或机房动力环境告警信息。

典型违章示例：机房动力环境系统增加监控点，新增设备接入动环系统调试时，随意清除动环系统告警信息。

三、装 置 违 章

（1）通信设备各级空气开关容量不匹配。

违章定级：一般违章。

违章释义：

a. 新增负载前，应核查电源负载能力，并确保各级开关容量匹配。

b. 通信设备应采用独立的空气开关、断路器或直流熔断器供电，禁止并接使用。各级开关、断路器或熔断器保护范围应逐级配合，下级不应大于其对应的上级开关、断路器或熔断器的额定容量，避免出现越级跳闸，导致故障范围扩大。

典型违章示例：

a. 新装设备电源接线时，未逐级核实空气开关容量及线缆截面是否匹配。

b. 新增通信设备时，下级开关额定容量大于上级开关额定容量。

（2）承载继电保护、安全自动装置等重要业务通道的标签缺失、图实不符或未采用醒目的颜色标识。

违章定级：一般违章。

违章释义：

a. 业务通道投退时，应及时更新业务标识标签和相关资料。

b. 直埋光缆（通信电缆）在地面应设置清晰醒目的标识。承载继电保护、安全自动装置业务的专用通信线缆、配线端口等应采用醒目颜色的标识。

典型违章示例：

a. 承载重要业务通道的标签未采用规定的颜色标识。

b. 施工新增的线缆、尾纤等标签缺失或图实不符。

c. 直埋光缆（通信电缆）未在地面设置醒目标识。

（3）双电源配置的站点，双路供电的通信设备取自同一套电源系统。

违章定级：一般违章。

违章释义：在双电源配置的站点，具备双电源接入功能的通信设备应由两套电源独立供电。禁止两套电源负载侧形成并联。

典型违章示例：

a. 通信设备架顶 PDU 单元双路电源输入未分别取自两套独立电源。

b. 通信设备架顶 PDU 单元未满足双路供电独立的设计要求。

（4）通信机房电源系统、消防系统、空调系统等基础配套设施不满足要求。

违章定级：一般违章。

违章释义：

a. 县级及以上调度大楼、省级及以上电网生产运行单位、330kV 及以上电压等级变电站、省级及以上通信网独立中继站的通信机房，应配备不少于两套具备独立控制和来电自启功能的专用的机房空调，在空调"$N-1$"情况下机房温度、湿度应满足设备运行要求，且空调电源不应取自同一路交流母线。空调送风口不应处于机柜正上方。

b. 通信机房、通信设备（含电源设备）的防雷和过电压防护能力应满足电力系统通信站防雷和过电压防护相关标准、规定的要求。

c. 通信机房应满足密闭防尘和温度、湿度要求，窗户具备遮阳功能，防止阳光直射机柜和设备。

d. 通信站内主要设备及机房动力环境的告警信息应上传至 24h 有人值班的场所。通信电源系统及一体化电源 $-48V$ 通信部分的状态及告警信息应纳入实时监控，满足通信运行要求。

e. A 类、B 类机房的主设备区、辅助区应设置洁净气体灭火系统，支持区可设置高压细水雾灭火系统。

f. 机房应设置火灾自动报警系统，并应符合 GB 50116—2013《火灾自动报警系统设计规范》的有关规定。

g. 机房应配置灭火器材、防毒面具。

典型违章示例：

a. 中央空调出风口位于机柜正上方。

b. 机房密封不严或开窗运行。

c. 设备区配置水雾灭火器。

d. 通信机房动力环境的告警信息未能通过 TMS 系统上传告警信息至相应省调或通信调度。

e. 机房未配备灭火器材、防毒面具或灭火器材、防毒面具已超过使用有效期。

第四部分

生产现场作业"十不干"

一、无票的不干；

二、工作任务、危险点不清楚的不干；

三、危险点控制措施未落实的不干；

四、超出作业范围未经审批的不干；

五、未在接地保护范围内的不干；

六、现场安全措施布置不到位、安全工器具不合格
的不干；

七、杆塔根部、基础和拉线不牢固的不干；

八、高处作业防坠落措施不完善的不干；

九、有限空间内气体含量未经检测或检测不合格的
不干；

十、工作负责人（专责监护人）不在现场的不干。